泥土板筑的城堡——土围楼

中国民俗文化丛书

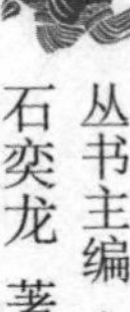

丛书主编 高占祥

石奕龙 著

山东教育出版社

·济南·

图书在版编目（CIP）数据

泥土板筑的城堡：土围楼 / 石奕龙著 . —济南：山东教育出版社，2017.2（2024.3 重印）
（中国俗文化丛书 / 高占祥主编）
ISBN 978-7-5328-9295-2

Ⅰ. ①泥…　Ⅱ. ①石…　Ⅲ. ①民居 - 福建　Ⅳ. ①TU241.5

中国版本图书馆 CIP 数据核字（2016）第 052147 号

ZHONGGUO SUWENHUA CONGSHU
NITU BAN ZHU DE CHENGBAO——TU WEI LOU

中国俗文化丛书　　高占祥　主编
泥土板筑的城堡——土围楼　　石奕龙　著

主管单位：山东出版传媒股份有限公司
出版发行：山东教育出版社
地址：济南市市中区二环南路 2066 号 4 区 1 号　　邮编：250003
电话：（0531）82092660　　网址：www.sjs.com.cn
印　　刷：山东华立印务有限公司
版　　次：2017 年 2 月第 1 版
印　　次：2024 年 3 月第 2 次印刷
开　　本：787 毫米 × 1092 毫米　1/32
印　　张：6.875
字　　数：100 千
定　　价：49.80 元

（如印装质量有问题，请与印刷厂联系调换）印厂电话：0531-76216033

中国俗文化丛书

主　　编：高占祥
执行主编：于占德
副 主 编：于培杰
叶　涛
刘德增

序

在中华民族光辉而悠久的历史传统文化中，俗文化占有十分重要的地位。它不仅是雅文化不可缺少的伴侣，而且具有自身独立的社会价值。它在中华民族的发展历程中，与雅文化一起描绘着中华民族的形象，铸造着中华民族的灵魂。而在其表现形态上，俗文化则更显露出新鲜、明朗、生动、活跃的气质。它像一面镜子，折射出一个民族、一个地区的风土人情和生活百态。从这个角度看，进一步挖掘、整理和发扬俗文化是文化建设的一项战略任务。

俗文化，俗而不厌，雅美而宜人。不论是具体可感的器物，还是抽象的礼俗，读者都可以从中看出，千百年来，我们的祖先是在怎样的匠心独运中创造出如此灿烂的文化。我们好像触到了他们纯正的品格，听到了他们润物的声情，看到了他们精湛的技艺。他们那巧夺天工的种种创造，对今人是一种启迪；他们那健康而奇妙的审美追求，对后人是一种熏陶。我们不但可从这辉煌的民族文化中窥见自己的过去，而且可以从中展望美好的明天。

俗文化，无处不在，丰富而多彩。中华民族，历史悠久，地大物博，人口众多，在长期的生活积淀中，许多行为，众多器物，约定俗成，精益求精。追根溯源，形成系列，构成体系，展示出丰厚的文化氛围。如饮食、礼俗、游艺、婚丧、服饰、教育、艺术、房舍、风情、驯化、意趣、收藏、养生、烹饪、交往、生育、家谱、陵墓、家具、陈设、食具、石艺、玉器、印玺、鱼艺、鸟艺、虫艺、镜子、扇子等等，都是俗文化涉及的范围。诚然，在诸多领域里，雅俗难辨，常常是你中有我，我中有你，彼此交叉，共融一体；有的则是先俗而后雅。

俗文化，古而不老，历久而弥新。它在人们的身边，在人们的生活中，无时无刻不影响人们的思想、观念和情趣。总结俗文化，剔除其糟粕，吸收其精华，对发扬民族精神，增强民族自信心，提高和丰富人民生活，都具有不可忽视的意义。世界文化是由五彩斑斓的民族文化汇成的，从这个意义上讲，愈是民族的，就愈是世界的。因此，我们总结自己的民俗文化，正是沟通世界文化的桥梁。这是发展的要求，时代的召唤。

这便是我们编纂出版这套《中国俗文化丛书》的宗旨。

目录

一 导言

在福建西南的南靖、平和、诏安、云霄、漳浦、华安、永定、龙岩、漳平、安溪等县（市、区），以及广东东部的大埔、饶平、潮州等县（市）境内，特别是在福建西南的博平岭山区与广东东部的莲花山区，青山绵延，绿水不断，在苍翠的溪谷中，闽南人和客家人的村落犬牙交错，到处都可以看到一幢幢最高可达 20 多米的、由泥土版筑而成的城堡式高大建筑。它们或耸立在山坡上、小溪边，或群集在溪谷中，如同地下冒出的“大蘑菇”，既像从天而降的“飞碟”，又似古代的“城堡”和现代的“体育馆”。从天上鸟瞰，似乎在这林海翠谷中，隐藏着一个个“洲际导弹”基地，到处都有密集的“导弹发射井”。置身山中，那高大巍峨的土围楼威武地点缀在重峦叠嶂的溪边、谷中、小平坝上，又会使人联想起那神秘的中世纪城堡，引发出无限的遐想。

这些城堡式的巨厦，墙体是由泥土版筑而成的。内部主要是由木构件组成，一般都有三层以上高，而且四面的楼房墙体围成一个四合的整体，或方或圆，活像一个个中世纪的小城堡。这样的大楼，有的人称之为土楼或生土楼，意为泥土或生土筑成的楼房。实际上，用“土楼”这样的名称命名这种城堡式大楼是欠妥和不准确的。因为，“土楼”这一名称也可以涵盖由泥土版筑墙体或泥砖筑成墙体的，结构为一厅两厢房或四厢房的单栋二层楼房，或加护厝的三合院式的二层楼房。因此，“土楼”这一名称涵盖面过广，同时，也不能反映这类城堡式大楼的特征。所以，笔者认为应该采用“泥土版筑围楼”，简称“土围楼”这样的名称来指称它。这是因为它既反映了这种大楼墙体是由泥土版筑成的特点，也反映了这类大楼在泥土版筑建筑中的特色，即这类大楼的墙体都是或圆或方地四合围成为一体，活像一座小型的城堡。因此，本书用“土围楼”这样的概念来限定这种泥土版筑墙体，三层以上高，或方或圆四合为一体的城堡式土筑大楼。

还有的人以“土楼”这一名词来概括所有的泥土版筑或

夯土建筑，这更是一种错误了。因为，“土楼”可以指泥土版筑而成的楼房，也可以指泥砖筑成的楼房，但无法包括泥土版筑的平房。然而，用“土楼”来概括泥土版筑或夯土建筑，却把泥土版筑或夯土建筑的平房及由平房构成的庭院都包容在内。他们认为“所有以土做墙的各种类型、各个时代的民用建筑，都可称为土楼”①。很显然，这种归纳是错误的。因为，众所周知平房与楼房是两种不同类型的建筑，是不应该混淆在一起的。因此，这种观点的论者至少是犯了概念混淆的错误。实际上，如果一定要把土围楼加以归类的话，土围楼应归于泥土版筑建筑中土楼的一类，而泥土版筑建筑又可归类于泥土建筑之中。换言之，建筑物中可包括：(1) 钢筋混凝土建筑；(2) 砖石混合建筑；(3) 木构建筑；(4) 泥土建筑；(5) 软材料建筑（如蒙古包、仙人柱等）五大类。在泥土建筑中包括：(1) 泥土版筑或夯土建筑；(2) 泥砖建筑；(3) 窑洞式建筑三类。在泥土版筑或夯土建筑中可包括平房与土楼两大类。而土楼则包括单栋式楼房、庭院式楼房与土围楼三类。这最后一类以及其相关的风俗习惯才是本书要叙述的对象。

---

① 林嘉书：《土楼与中国传统文化》，上海人民出版社 1995 年，第 23～29 页。

还有人把这类土围楼称为"客家土楼"。在过去，由于土围楼最先在客家地区发现，并加以宣传与介绍，因此，当时以"客家土楼"来概称这类土围楼还情有可原。然而，在今天，当在闽南人居住的许多地区也发现有大量土围楼以后，再坚持以"客家土楼"来概称这类土围楼，并一味坚持"土楼应包括客家的和传自客家的不同时代、各种造型的夯土建筑"① 的观点，就是一种视而不见，不顾事实的主观臆测，或讲得重一些，是一种"夜郎自大"的"我群中心主义"的表现。

实际上，所谓的"土楼"（版筑建筑或夯土建筑）并非客家人所独有。这种技术是中国汉人的传统技术，中国所有的汉人，包括那些历史上从中原迁居到南方或其他地区的汉人都有这种技术与工艺。当我们把眼光移到北方、西南或南方其他非客家人居住区，到处都可以看到有这类版筑的土木结构建筑。如在闽南人的居住地区，虽然近代的建筑多为石构与砖砌、钢筋混凝土等结构，但在清代以前的大型四合院建筑，其墙也多以花岗岩条石砌墙脚和泥土版筑土墙而成。例

---

① 林嘉书：《土楼与中国传统文化》，上海人民出版社 1995 年，第 23 页。

如漳浦县旧镇浯江村乌石的“海云家庙”就是如此。“海云家庙”堂号“世德堂”，俗称“乌石大厅”，是乌石林氏的大宗祠，初建于明代正统年间。“海云家庙”面阔 5 开间，3 进深（三堂），宽 24 米，深 50 米，面积 1 200 平方米。其内用雕屏和 36 支大柱和 8 支小柱支撑斗拱横梁构成，其前墙由石堵、石柱、雕花屏窗以及木构梁架构成，而左、右、后墙，都是三合土版筑而成的土墙，至今仍坚固如初。又如漳浦县湖西乡赵家堡中的“官厅”坐落于堡中央，根据该村赵氏族谱的记载，“官厅”建于明万历二十八年（1600）到天启元年（1621）之间。它并排 5 座，每座面阔 3 开间，宽 19 米，长 67.5 米，进深 5 进，最后一进为二层楼房，俗称梳妆楼。合计 150 间房，占地 7 263 平方米。这些明代建筑物的墙体，下为花岗岩石脚，上均为版筑土墙，墙体外还施以石灰面。

由于清代初年的海禁与内迁，沿海地带几成废墟。康熙十八年（1679）海禁解除，沿海人民又返回家园。此时沿海一些地方重建建筑的外墙有一明显的特征，即多用瓦砾等碎片和在泥土中版筑。就现代而言，沿海地区已少见版筑夯土墙，但在闽南地区的山区中仍可见到不少这类版筑的夯土建筑。因此，版筑建筑或夯土建筑，就是在福建也不是客家人的专利。至少在明代，闽南人的建筑仍以版筑为主，他们也有夯土版筑的传统，因为闽南人的老祖宗也是来自中原，不过他们要比客家人更早就进入福建。

其次，客家人分布的中心地区，基本不见这类四合的土围楼。笔者曾在宁化石壁这个客家人的祖地做过调查，虽然当地曾在清代顺治八年（1651）建有土堡，但现在难以见到土围楼。该地的《张氏重修族谱》曰："吾乡土堡，先世未有，始自顺治八年，族贤国维公讳一柱者，纠集伯叔，捐赀买三房正儒之田，方广七十余丈，乃平地筑墙，墙高×丈×尺而奇，广×丈，门首余坪稍宽，周围马路广×尺，南北角设两耳，俗名铳角。堡内架屋二十四植，每植三层，高出墙尾。历年既久，屋遂颓靡。雍正年间，陆续折废，仅存二植与城墙而已。至乾隆七年，侵圮特甚。幸族贤忠爱、忠哲、良盛、良三倡首葺，稍全本来局面。凡设土堡，是防不测，如康熙甲寅、乙卯间，山寇蜂起，丙辰长关侵害吾乡，庐舍尽为灰烬，千百子妇是赖土堡幸存。"① 由此看来，宁化县在清代动乱的年间里曾建过土堡，但现在土堡早已无影无踪，留下的

① 宁化县禾口乡石壁村下市《张氏重修族谱》。

古建筑多是青砖贴面的平屋四合院或版筑的夯土建筑。而且，当笔者从龙岩经客家人居住的腹地上杭、连城到宁化的一路上也不曾见有土围楼。

笔者曾在客家中心地区的武平县插队多年，90 年代，还带过学生到那里调查。在笔者居住的自然村里，有两座后堂为二层楼的三堂二横的五凤式建筑，其余不是由二层楼构成的四合院，就是单栋二层楼房。笔者就是在一四合院中的厢房二楼度过了六年半的插队生涯。笔者曾调查过的武平中山镇，也以二层楼房为主，没有土围楼。另外，在客家中心地区的连城，有座有名的建筑——望云草堂，其坐落在连城县新泉镇背巷，它是“青砖瓦顶平房，为两座并列的院落，前部庭院广阔，后进有小厅与耳房，清幽安静”①。其实，就连上述“客家土楼”的论者也承认：“在客家早期开发地区与客家文化中心的梅县、上杭、武平、宁化、宁都等地，较少见到全楼房式的巨型高层的圆、方形土楼。”② 由于客家人是从

---

① 陈泽泓、陈若自编绘：《中国民居府第》，广东人民出版社 1996 年，第 87 页。

② 林嘉书：《土楼与中国传统文化》，上海人民出版社 1995 年，第 29 页。

福建西北逐步往南迁徙的，因此，从客家地区整体看，土围楼主要分布在其区域的南部边缘地带。

其三，实际上，这类土围楼主要都密集分布在客家人与闽南人交界的地区。换言之，即主要分布在客家文化的边缘地区和闽南文化的边缘地区。如我们在一开始就提及的县市中，只有福建省的永定和广东省大埔是纯客家县，而且是靠近闽南人居住的地区；而漳浦、华安、云霄、漳平、安溪则是纯闽南人的县份；龙岩、南靖、平和、诏安和广东的饶平、潮州诸县市，都是既有客家人聚居点，又有闽南人聚居点，而且闽南人的聚居区要大于客家人聚居区。如南靖县有 10 个乡镇，只有紧靠永定的梅林与书洋两个乡镇有客家人居住。又如平和县有 15 个乡镇，只有紧靠永定和广东大埔的 3 个乡镇居住有客家人。再如诏安县有 11 个乡镇，也仅有紧靠广东大埔的两个乡镇是客家人聚居区。而这些县的客家人地区与闽南人地区都有土围楼。另外，龙岩是个闽南人聚居区，它只是在紧靠永定的几个乡镇如适中、东肖、红坊才有土围楼。所以，土围楼的密集分布地是闽南人与客家人的交界地区。在其交界地区，不论是客家人还是闽南人都拥有土围楼，而不是只有客家人才拥有和使用土围楼。因此，把土围楼命名为“客家土楼”是不妥的，至少是不够全面的。

有的人看到一座土围楼里住着十几家、几十家人的现象，就武断地认为，客家人喜欢聚族而居。因此认为客家人有合作建筑土围楼的习惯或传统，客家人比闽南人更团结，并通过各种舆论渠道大肆宣扬。实际上，这也是一种误解与误导，并已造成许多不良的后果。

纵观土围楼的建筑史，由不同姓或由同姓不同支系的人合作建筑土围楼的现象在过去微乎其微。所看到和所听到的，除了个别例子外，由某位有钱人独自出资或兄弟几人出资建筑的较多，而住在楼内的人，也只是出钱建楼的人的直系派下裔孙，同村同宗的其他派下如没有出钱也就没有份。闽南人如此，客家人也如此。

例如漳浦县赤土乡的方形土围楼万安楼，是在明代嘉靖末年由乌石林姓苑上宗进士林功懋出资建筑的，后由其子续建完成。漳浦霞美镇运头村的庆云楼，是由乌石林运头宗的林士官出资在明代隆庆三年（1569）建的，现只存残垣断壁。万历十三年（1575）始建的晏海楼，则是乌石林北房的林楚出资建筑的。霞美镇埔仔村的海云楼建于清代康熙年间，是由乌石林苑上宗的林守让独资建筑的。深土镇江头村的锦江楼始建于清乾隆五十六年（1791）正月，其内环楼是乌石林第十六世林升泽建的，而中环楼和外环护厝则由林升泽之妻续建，完成于嘉庆八年（1803）正月。现楼内还住着其后裔50来户，200多人。旧镇的清晏楼则是乌石林四房的后裔在嘉庆七年（1802）秋天建筑的。① 另外，漳浦湖西镇赵家堡的完璧楼是由任过浙东按察司兵备道副使的赵范在万历二十八年（1600）始建。而华安县仙都镇大地社的二宜楼是由该村蒋氏第十四世祖蒋士熊积巨资于乾隆五年（1740）始建，蒋士熊因操劳过度于乾隆三十一年（1766）去世，其6个儿子和17个孙子继续承其志建楼，后于乾隆三十五年（1770）竣工。现二宜楼还住有34家170多人，但他们都是蒋士熊的派下②，同村蒋姓其他支派的人并不居住在该楼中。

上面是闽南人的例子，下面再看一些客家人的例子。笔者曾经带学生在土围楼之乡永定区湖坑镇做过一些文化人类学的社区调查，在湖坑镇的洪坑村有著名的五凤式土围楼福裕楼和圆形土围楼振成楼。洪坑村为九牧林的聚居地，该村建有林姓的祠堂，其开基祖林茂清的派下人多数都居住在该

---

① 陈国强、林瑶棋主编：《漳浦乌石天后宫》，1996年，第106～108页。
② 福建省华安县博物馆编：《民居瑰宝二宜楼》，1993年，第30页。

村的上下村中。该村有许多土围楼，福裕楼和振成楼是其中最有名的两座，它们是父子两代人或祖孙三代人建的。福裕楼有 168 个房间，是由该村一位垄断烟刀生意而发财的商人林上坚所建，用了至少 10 万大洋，历时 5 年于光绪八年（1882）建成。后分给他 3 个合伙从事烟刀生意的儿子林德山、林仲山、林仁山居住。辛亥革命前不久，林仁山觉得住福裕楼不满足，于是自己积累了几万元在洪坑村的下村建振成楼，但楼未建成他就过世了。其子国会议员林鸿超接手继续操办，在几位堂兄的支持下，于 1917 年完工。关于这段史实，林鸿超在楼内大厅柱子上留下了建楼始末的题记。其云："先君仁山公拟建斯楼，未偿夙愿，民国纪元春，亲兄秀生、莲生、云鳌等筹兴土木，嘱超总其事，以竟先人之志，经营五穗，幸藉先德及诸昆仲毅力，克底于成。"这说明最初林仁山是想独资建筑，但没有成功。1912 年德山的儿子秀生、仲山的儿子莲生、云鳌也出资支持，最后历时 5 年建成了该楼。后来，振成楼的产业也根据出资的多寡进行了分割，并以林鸿超他们父辈的名义分，据说林仁山出资最多，所以占一半，林仲山次之，占另一半的三分之二，而林德山最少，仅占一半的三分之一。由于林上坚的后人多居海外，所以，振成楼中现在只住 6 户 28 人，几乎都是林仁山的派下人。

在湖坑乡，类似的例子还有许多。例如湖坑镇下南溪村的振福楼，是在上海经营永定烟丝的商人苏振太花了 3 万大洋，于 1911 年始建的。该楼与振成楼的大小差不多，但没有振成楼精致，现只有两户人家住在里面看守大楼。湖坑镇奥杳村的裕兴楼是华侨黄庚申独资建造的。湖坑镇东片村与西片村为李姓的聚落。两个村落之间，有 20 多座土围楼，其中也有一些比较古老的土围楼，如上盛楼、蕃远楼、拱辰楼等。根据该村（陇西李氏族谱）记载："至大明嘉靖，我北川公太迁做真金楼居住。于大清顺治年，我参化公迁于中心坝，做上盛楼居住。于康熙年间，我林芝公迁做蕃远楼，同我行恕公架棚筑成居住。我祖行恕公本村内自买楼脚位几处，我三房均分。我祖荣溪公名下阄分油房下地界，至秉字辈（美亭等）兄弟三人筑造拱辰楼居住。大清乾隆廿一年丙子岁(1756) 造内楼，甲午年（1774）造外楼。又嘉庆二年丁巳岁(1797)，翰字辈架手架，造楼外右片学堂一所，内九间，地部名曰有神斋。"① 由此可见，上述几座土围楼，有两座是某人

①《陇西李氏族谱》，湖坑镇李万通藏，1914 年抄本。

独资建造的，有一座是兄弟俩合资建造的，还有一座则是三兄弟合资建造的。而他们的派下人才有资格住在这些土围楼内，那些没出资建造土围楼的同姓其他支派的派下人，是不可能和没有资格住于其中的。

永定区高陂镇上洋村的遗经楼也是如此。在清代嘉庆年间，上洋村出了个巨富人家，这家人姓陈，创业的人叫陈永春，他是在广东靠烟丝生意发了财。那时候，发了财的人的最大愿望，就是买田地，建楼房，给子孙留下产业。陈永春也不例外，他把广东的生意交给儿子华兴经营，让小儿子皎霖专心读书应考，求取功名，自己则回家乡买田地，建土围楼。

陈永春建的土围楼叫“庆宜楼”，是座中等规模的土围楼。陈华兴接手广东的烟庄，比其父亲经营得更红火。当陈永春过世，陈华兴回乡奔丧，为其父择地安葬时，他已是富甲一方的有钱人。而他的弟弟陈皎霖这时也科甲及第，在陕西当上了知县。因此，当时他们家是有钱又有势，富贵双全。不过，看到父亲生前建的“庆宜楼”，陈华兴觉得颇为遗憾，因为该楼虽规模不算太小，造得也相当坚固而华丽，但在乡里的排名只能屈居第十位左右，不够气派，更难以显示自家的财与势。所以，陈华兴决定再建一座新的土围楼，规模一定要超过方圆几十里内的所有土围楼，这样才可以显耀自己在乡中的煊赫地位。因此他出巨资购买“风水宝地”，兴建起这占地17亩的遗经楼。据民间传说，在购买最后一块建筑用地时，陈华兴是用银圆排满该地而购得的。这虽有些夸大其词，但也说明了陈华兴建此大土围楼时是花了巨资的。现在遗经楼中还住着20来户，100多人，但全都是陈华兴的后裔①。

综合上述情况，可以看到，实际上，过去土围楼的建造，绝大多数是由某些个人或兄弟几人合伙建造的，极少由同姓不同支派的人合伙建造，而不同姓的人合伙建造就更是罕见了，可能其比例是万分之一。而只有到了现代，如20世纪六七十年代再建土围楼时，才有较多的同姓不同支或不同姓的同村人合伙共建一座土围楼的现象出现。当然，这是和现代的社会背景有关的。如1949年后宅基地不能由买卖获得，一般都由村里规划或配给，现在也没有过去那种富甲一方的有钱人，所以六七十年代才会出现不同支派或不同姓的人一起

① 陈炎荣:《上洋遗经楼》,《永定文史资料》第10期，1991年。

合作建造土围楼的现象。实际上，如果我们仔细地观察，就可以看到，在土围楼之乡中，有些现象是由这种合作建造土围楼的事实造成的，如有的圆形土围楼宅地中只造了其中的几植透天的楼房，而不成为一个围楼。换句话说，就是在一个圆形土围楼的地基范围中，有的已先盖好他的那一份额的楼房，而有的地方则空着。这表明这些合作盖土围楼者，有的有盖楼的钱，就在规划好的土围楼地基中先盖起他的一份，而即时还没有足够资金盖房的人，则先把属于自己的土围楼宅地空着，等有足够的钱后，再动工完成它，并最后连成一座土围楼。如果是个人出巨资建造土围楼，一般不会出现这种现象。因为，由于整座土围楼都是由某人独资建造的，因此，在建造的过程中，绝对不会这样东一植西一植地分段建，而会一圈一圈地“行墙”，一层楼一层楼地建。因为，就质量来说，整体一层一层往上建，要比东建一植西建一植，然后再连成一体的质量高。所以，那种看到许多户聚居在土围楼中，就认为客家人喜合作建造土围楼的说法是种错误，至少是一种不了解情况的误解，应予以纠正。

另外，由于过去极少有不同支派的人或不同姓的人合作建土围楼现象发生，所以，后来住在土围楼中的人家，只能多是建楼之人的后裔，他们都是同一家族或同一房派的亲堂，而不是所有同宗族的人都可以住在里面。因此，现在我们看到十几户、几十户聚居于一座土围楼的现象，一般都是同一大家庭的人或同一家族人的聚居或同房派人的聚居，而不能说其是同宗族的人聚居于一座土围楼中，并因此认为客家人喜欢聚族而居，他们比闽南人更团结等。因为，闽南人也有许多人聚居在一座土围楼中的现象，闽南人也喜欢同姓聚居在一个村落中，这也是闽南人的村落多是单姓村的缘故之一。

一位探访过圆形土围楼的作家曾经说过，圆形土围楼就像一个完整的句号，走进去你得到的是一个惊叹号，走出来会留下无数个问号。这虽然讲的是圆形土围楼，但也适用于方形土围楼。的确，土围楼有其自身的魅力，这魅力在于它的奇妙与奇特。下面就让我们一起走进土围楼的世界，一起去领略那令人震惊、令人深思的土围楼世界。

二　五花八门的土围楼

土围楼被人称之为“世界建筑之瑰宝”。它造型各异，五花八门，或正方，或长方，或正圆，或椭圆，或五角，或八角，或一方带四圆，形状多样，富有变化。但万变不离其宗，归纳起来观之，土围楼大致可以分为方形、圆形和不规则形三大类。下面分门别类加以介绍。

（一）方形土围楼

方形土围楼主要指土围楼的主楼呈方形。它一般可以包括所谓的“五凤楼”和方围楼两类。

1. 五凤楼

五凤楼是以这类建筑都具有三堂二横的结构，即都有前堂（亦称下堂）、中堂、后堂及两横屋的结构而命名的。在当地，通常俗称为“府第楼”。五凤楼是在“三间张”（四架三间或一厅两厢房）、“五间张”（六架五间或一厅四厢房）的中国传统四合院基础上形成的，即其以四合院为主体，加上后堂和护厝，并把后堂与护厝（横屋）加高成楼房，以及把四周连接起来而成为土围楼。因此，五凤楼的特点是以前中后三堂为中轴，而且后堂多为三层以上的楼房；左右有对称的前低后高的横屋楼。楼中的中轴及横屋均以“四架三间”为基本结构。房屋整体是方形或长方形，前低后高，中轴高横屋低。大门前常有长方形晒谷坪（禾坪）和半圆形风水池。五凤楼的背后则常有半圆形的“屋背伸手”。在晒谷坪周围常有围墙，以防大门患“冲”，如有围墙，则在围墙的左右设外大门。如果晒谷坪没加围墙，则常常在正对大门的晒谷坪与水池之间筑一照壁，其作用也是为了防“冲”。五凤楼一般是背靠山坡面对溪流而建，楼后的山坡俗称“屋背头”，常种些风水林或果树来弥补“后龙”的不足。五凤楼还有一个与其他土围楼不同之处，即五凤楼的内外墙体几乎都是版筑成的夯土墙，而且内外墙的厚度基本一样。五凤楼的墙体很少有厚达 50 厘米的。这是因为五凤楼墙体虽比大型方围楼与圆围楼的外周墙薄，但由于其内外墙均为版筑的夯土墙，因此其整体的承受力强。所以，五凤楼的底墙通常仅厚 40—50 厘米。五凤楼也有一些变化，下面我们可以通过实例来看一看五凤楼的具体情况。

(1) 大夫第

大夫第坐落在福建省永定区高陂镇大堂脚（大同角）村的一片山坡地上，始建于清代道光八年（1828），历时 7 年才完成。大夫第依山面水，前后纵深有 108 米，东西宽 58 米，占地5 112.5平方米，一条乡间小路横过楼前与公路相连。大夫第的建筑特点是前低后高，其门楼、前堂与中堂均为一层。门楼高约 5 米，大门框为石构，门楣上书写着“大夫第”三个字。进入大门就是前堂，前堂是个敞厅，也称前厅或门厅，其屋顶与门楼同高。从前堂经过中天井就可进入中堂屋，中堂也称中厅或正厅。它作为厅堂，是祭祀与待客的场所。其屋顶高过前堂约 1 米，两扇镂空雕刻黑漆门和四扇漏花窗把天井与中厅隔开。穿过中堂可进入后天井。从后天井就可进入后堂。后堂为楼房，高约 12 米多，主体四层局部五层，是宅内尊长的住所。与此相关，大夫第的横屋也是从前向后分三段逐段升高。与前堂相配的第一段为一层，高约 4 米多。与中堂相配的第二段为二层楼，高约 6 米多。而与后堂相配的第三段为三层楼，高约10米多。从整体看，大夫第分四个层次递升，后堂楼最高，在大夫第中似交椅之背，故有人称之为交椅楼。大夫第建筑面积3 782.8平方米，计有大小厅堂、房间118间。

在大夫第大门外有一17米宽的晒谷坪，晒谷坪外又有一口半圆形的池塘。而落下一坎则是溪坝上的水田。由于屋后为山坡，为了平整土地，需挖掉一些坡地，并修了55米长的半圆形“屋背伸手”。外圆内方，似乎象征着天圆地方的观念。另外，可能是因为“后龙”不足的缘故，故在山坡上种了一片风水林，以使该楼的背靠更加坚实。大夫第里里外外布局规整有序，虽屋宇参差，龙脉更加郁郁葱葱，高低错落，院落重重，然主次分明，和谐统一，条理井然，古朴庄重。登上后堂楼前眺，楼外池塘荷绿水清，远山近黛倒挂于水田波光中，四野开阔，一条小溪弯弯曲曲地奔向楼来，又蜿蜒地流向远方，景致十分宜人（图1)。

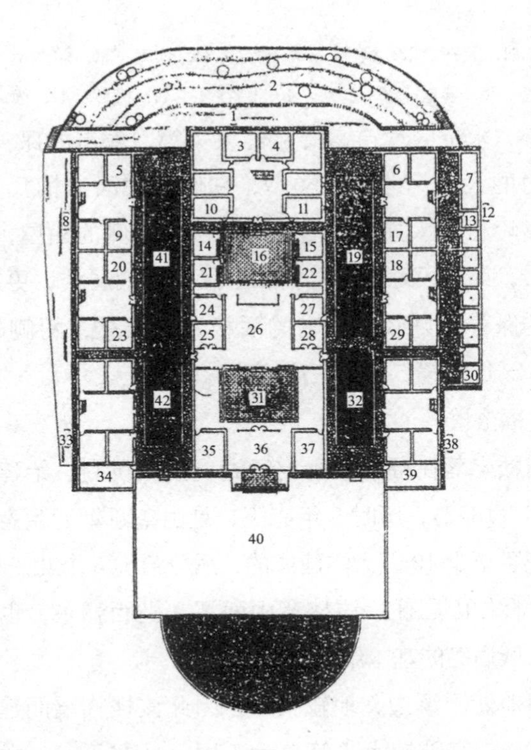

图 1：大夫第底层平面（取自《住宅建筑》1987. 3）

1. 主楼　2. 凉院　3. 仓库　4. 仓库　5. 厨房　6. 厨房　7. 猪舍　8. 横屋

9. 厨房　10. 仓库　11. 仓库　12. 横屋　13. 厕所　14. 厨房　15. 厨房

16. 天井　17. 厨房　18. 厨房　19. 横坪　20. 厨房　21. 厨房　22. 厨房

23. 厨房　24. 客厅　25. 客厅　26. 中堂　27. 客厅　28. 客厅　29. 厨房

30. 厕所　31. 天井　32. 横坪　33. 学堂　34. 仓库　35. 贮藏室　36. 前堂
37. 贮藏室　38. 学堂　39. 仓库　40. 晒谷坪　41. 横坪　42. 横坪

另外，永定区坎市富岭村的大夫第、坎市的保善堂，与大堂脚村的大夫第为同一类型，它们的底面结构几乎一样。只不过富岭村的大夫第，后楼为五层，两侧的横屋，第一段为二层楼，第二段为三层楼，第三段则为四层楼，更加高大。而坎市的保善堂则较小，它的后楼为三层楼，两侧的横屋，第一段为一层，第二、第三段均为二层楼。

(2) 福裕楼

福裕楼坐落在福建省永定区湖坑镇洪坑村，始建于清代光绪八年 (1882)，历时 5 年完工，是由垄断烟刀生意的林上坚独自花了至少 10 万大洋建成的，后分给他 3 个儿子林德山、林仲山、林仁山居住。该楼背山面溪，坐西朝东，也是三堂二横、前低后高的基本结构 (图 2)。

由于地处于溪边，地较狭窄，因此该楼临溪而建，呈正方形。该楼与高陂镇大夫第最大不同之处在于，三堂二横均为楼房，前堂与中堂为二层楼，两侧横屋为三层楼，后堂楼则为五层楼，仍然是前低后高。不过，由于该楼的前堂与后堂都延伸而同横屋相连，已快变成完全的围楼了，只是屋顶还与五凤楼一样，按传统中国式四合院的形式，中高两侧低加盖屋顶。两侧的横屋分为两段，虽然楼层相等，但前段的屋顶低于后段。在大门外有一几乎与楼房等宽的石砌的晒谷坪，坪周围建有围墙，外大门建于东北，正对大门的围墙加高并起脊而成为照壁，使晒谷坪封闭而成为所谓的“首院”。由于临溪而建，晒谷坪围墙外为一条小路，路下即为溪流。

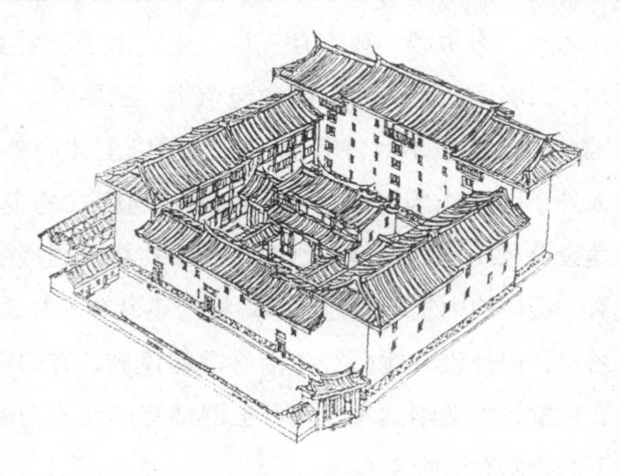

图 2：福裕楼鸟瞰（取自《老房子·福建民居》）

据楼主人的统计，福裕楼有包括大厅、旁厅、棚厅、门厅在内的厅堂 21 个，房间 168 间，浴室 6 间，厕所 27 个，水井 2 口，天井坪 6 个。外大门上有“昭兹来许”匾，下堂正大门上有“福裕楼”匾，左旁门上有“常棣”匾，右旁门上则为

“华萼”匾；大厅上也挂着“树德务滋”之匾。

2. 方围楼

方围楼也称“方楼”、“四角楼”，其主要是指那些主楼方形或呈长方形的土围楼。其特点是前后堂多与两横屋等高，并连成四合的一体；另一显著的特点是外墙由泥土版筑而成，内墙多由木构。方围楼一般都在三层以上，由于一层多做厨房、饭堂，二层为仓库，堆放粮食与杂物，三层以上才作为卧室。因此，一层多不对外开窗，二三层以上才向外开窗，窗口内大外小，可作为枪眼。在楼内多有通廊式的走马廊。多在四角设公梯上下，大型的则多设一些楼梯。围楼的天井中常建有一层楼的中堂屋作为厅堂。楼内还设有水井、米碓、谷砻、浴室，楼外设有厕所等生活必需的设施，有的还附建有戏台、祠堂、私塾学堂等。方形土围楼有单元式与回廊式两种，下面我们看一些实例。

(1) 完璧楼与梳妆楼、永安楼

完璧楼与梳妆楼及永安楼均在闽南地区的漳浦县湖西镇。完璧楼坐落在赵家堡，梳妆楼坐落在诒安堡，永安楼位于楼下村。据赵家堡赵氏族谱“元晦居积美滨海，苦盗患”，“遭剧寇凌侮，决意卜庐入山”，“为昌后永世计，心窃喜之，乃芟辟莱，建楼筑堡居焉，楼建于万历庚子（1600）之冬，堡建于甲辰（1604）之夏，暨诸宅第经营就绪，拮据垂二十年”的记载看，完璧楼始建于明万历二十八年。

完璧楼平面呈正方形，为方形四合式三层围楼，墙基以花岗岩条石砌成，厚 1 米，其上则以三合土版筑外墙，高 13.6 米，周长 88 米，占地 400 平方米。此外完璧楼的内墙也是泥土版筑。完璧楼大门朝北，门框为条石构筑，上面的青石匾镌“完璧楼”三字行书，取完璧归赵之义。一层、二层南北侧各三开间，东西侧各两开间，其中二层东侧有一间无门无窗，是为密室。一层南侧中间为正厅，北侧中间为门厅。门内设楼梯上下。三层无隔墙，作回形大通间，以供壮丁守卫，朝内的一侧亦无窗。三层楼都有回廊，其中第二层回廊有扶栏。完璧楼第一层不开窗，但每间房均有一长条形的小孔隙作观察

图 3：完璧楼仰视（取自《中国民居府第》）

用或作枪箭眼；二三层则分别有12个与16个内宽外窄的石窗。楼中的天井深1米，面积大约15平方米，内原有水井一口（今废）。在下到天井的楼梯旁有一个1.4米高、0.6米宽的大排水洞，并可兼作逃生地道用。完璧楼大门外有棚楼与砖埕，砖埕上现有水井。与大门相对的是一座五开间的二层楼，两边各有一座小平房，组成楼外天井，并在西北另开有外大门（图3）。

梳妆楼是位于诒安堡东部的一座版筑方形围楼。俗称梳妆楼，意即内眷居住的后楼。楼与城堡是由清太常寺卿、湖南布政使黄性震在康熙二十七年（1688）同时捐建的。三合土版筑外墙与内隔墙，长方形，面宽26米，深24.5米，高约11米，外墙厚1米，内隔墙厚0.6米。大门朝南，南北侧均为5间，进深5.5米，其中明间宽6米，其余宽3.5米。北面明间为正厅，南面明间为门道，东西各设一间以及两个楼梯间。高三层，设木结构内通廊。一层不设窗，二三层每间各设一窗。现该楼只保留外墙和一部分内隔墙。

永安楼在湖西镇楼下村，清康熙三十七年（1698）闽浙广左都督、总兵杨世茂建。楼作方形，分内外两圈。主楼正方形，边长31米。外墙打二层石基，以上三合土夯筑，底层厚1.5米，以上依层收分。楼的南北侧各为五开间，东西侧各为三开间。北侧明间作正厅，南面明间为门厅。楼高三层，二三层设木结构通廊。一层无窗，二层“日”字形石窗，三层“四”字形石窗。门楼外为券顶，内为平顶。门上有匾，刻“永安楼”三字楷书，落款为“康熙戊寅吉旦建；四明范光阳书”。永安楼外圈为四组院形平房组成，边长65米，外圈北侧左右各留一后门，南侧明间作正门，与主楼门相对。现永安楼仅存完整的外墙，外圈还住着杨氏宗族的后人。

(2) 清晏楼

清晏楼在闽南地区的漳浦县旧镇。方形，边长28米左右。第一层由花岗岩条石砌成，以上为版筑夯土墙。清晏楼与众不同之处在于，方围楼的四角突出4个半圆的空间，形成角楼，并使平面呈风车状。清晏楼三层，第一层无窗，但每间房间都设有

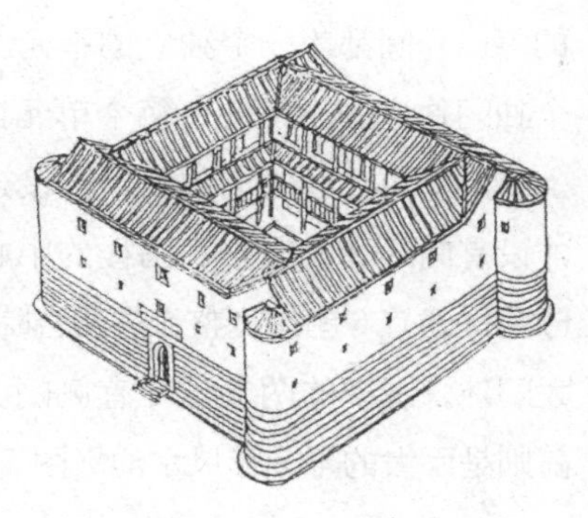

图4：清晏楼鸟瞰

(取自《老房子·福建民居》)

外窄小内较宽大的枪眼，在角楼突出之处则设两枪眼，可以控制接近围楼的人。二层设有“日”字形石窗，三层则为“口”字形石窗。整座楼只有一个门，除四角的角间外，前堂明间为门厅，并设房间3个，后堂的明间为正厅，也设房间3个。左右两侧各有3间房。天井中有水井一口（图4）。

（3）西爽楼

平和县霞寨是闽南人居住的一个乡，建于清康熙十八年（1679）的西爽楼就在这个乡里。西爽楼面宽86米，纵深94米，整体为略呈四角抹圆的长方形。该楼的最大特点是围楼的每一开间都为一个独立的单元。环周三层高的围楼分成65个独门独户的小单元，每个单元自成系统，各有自己的楼梯上下。单元之间完全隔断，不设连通的回廊。围楼的第三层才设有向外开的窗户。围楼的中心是一个很大的内院，院内分两排建有6座排列整齐的四合院祠堂。并有两口水井。除了大门外，围楼的两侧也开有侧门。楼前是宽大的晒谷坪，再前则是巨大的半圆形风水池（图5）。

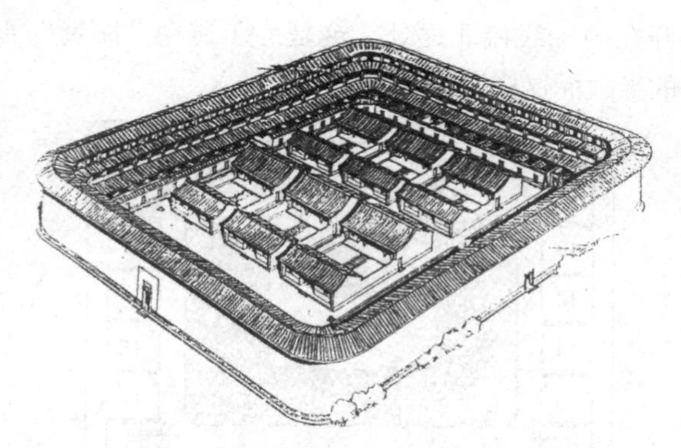

图 5：西爽楼鸟瞰（取自《老房子·福建民居》）

(4) 和贵楼

和贵楼坐落于福建省漳州市南靖县书洋镇（原梅林乡）云水谣景区的璞山村内虎背山山脚。清朝雍正十年（1732）简氏十三世祖修建，1926 年重修过。和贵楼主楼平面呈长方形，四合围楼均为五层，楼中有一层的中堂屋，在其左右各有一口水井。和贵楼的二层开有一些宽约 10 厘米的窗缝，三层以上所开的窗口才较大。它背山面溪，大门朝东偏北，与大门相对的后堂楼明间为厅堂。除了门厅与厅堂外，前后堂各有 8 开间。左右横屋楼则各有 4 开间。四角设有楼梯上下，楼内走廊均为回廊。该楼前后堂与两横屋楼等高，但屋顶却是分体铺设，没有连成一体。在和贵楼大门前有一晒谷坪，其周围环建一圈平房，使其成为前院，前院内也有一口水井，其大门开在中轴线偏北之处，这是为了避免“路箭”直冲主楼大门的缘故而这样设的（图6）。

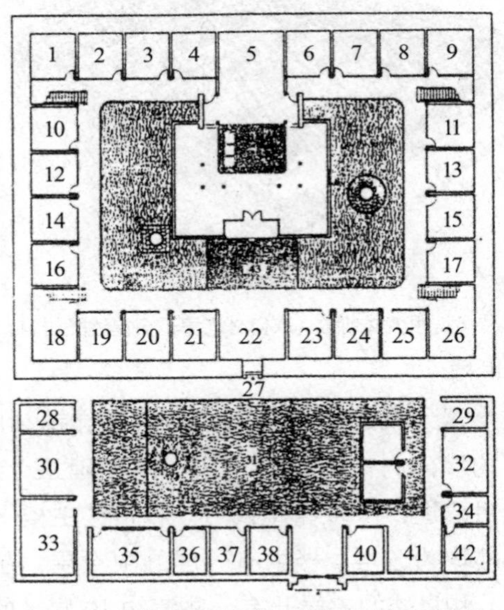

图6：和贵楼平面（取自《住宅建筑》1987.3）

1. 厨房　2. 厨房　3. 厨房　4. 厨房　5. 厅堂　6. 厨房　7. 厨房　8. 厨房　9. 厨房　10. 厨房　11. 厨房　12. 厨房　13. 厨房　14. 厨房　15. 厨房　16. 厨房　17. 厨房　18. 仓库　19. 厨房　20. 厨房　21. 厨房　22. 门厅　23. 厨房　24. 厨房　25. 厨房　26. 仓库　27. 大门　28. 仓库　29. 仓库　30. 作坊　31. 前院　32. 作坊　33. 作坊　34. 仓库　35. 仓库　36. 仓库　37. 仓库　38. 仓库　39. 前门　40. 仓库　41. 作坊　42. 仓库　43. 院子

(5) 遗经楼

遗经楼坐落在客家地区的永定区高陂镇上洋村。其由一主楼和一附楼组成。主楼与附楼平面均呈正方形，坐西朝东，东西向 136 米（包括附楼）南北向 76 米，占地面积约 10336 平方米。据说是陈华兴出资于清代嘉庆十一年（1806）始建，历时三代人，用了 70 多年才最后完工。在该楼的边上还有一座其父陈永春出资所建的庆宜楼。

主楼的前堂、两横屋均为四层，其屋顶相连为一体，楼内则有回廊相连，并通过一道门进入后堂楼的偏厅。后堂楼内外墙均为夯土墙，高五层，有自己独立的屋顶，一到四层均有门道与回廊相通。从一层房间结构看，前堂除门厅外，分为十开间，两横屋除各有一楼道厅外，另各有六开间，而且这些房间不是作为厨房，就是作为仓库。后堂则以 3 个独立的“四架三间”的结构构成，除了有 3 个厅堂外，其余的厢房均为卧室。而且 3 个厅堂中均有楼梯可以上下，相互之间则不相通。遗经楼外墙上抹有白灰，前堂与两横屋在二楼以上开窗；后堂楼一楼也开窗，但外面仅是一窗缝。主楼的中心为一平屋四合院，其前厅为“四架三间”结构，后厅（即正厅）则为“六架五间”结构。前厅为门厅，两旁的厢房均为仓库，正厅为大厅，其厢房有两间作为客厅，其余也作为仓库。四合院的右前及左后各有一口水井。四合院的背后则有浴室。

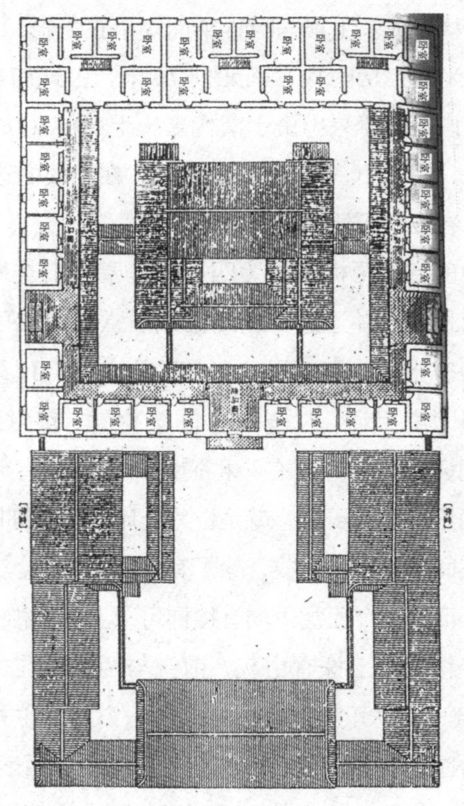

图 7：遗经楼平面（取自《住宅建筑》1987. 3）

该楼的附楼与主楼相连，前堂为平房，有宽大的门厅，门厅边各有四开间。两横屋均二层，各分成两段，后段为学堂，其为“四架三间”四合院结构，前段为宿舍，两者有走廊相连。附楼内的天井即构成前院。除了前门外，在紧靠主楼处还开了两个边门，以方便出入。此外，在围楼的左右还建有舂米房、工房、厕所、猪舍等附属平房建筑，在楼后还修有花园（图7）。

遗经楼造型布局是突出中轴，左右对称均衡，前低后高。平面变化多端，楼架参差有致，三合土地面，鹅卵石天井与前院，精雕的石井沿，格子窗的回廊，白墙青瓦，使它既庄重又活泼，令人回味无穷。

（6）日应楼

日应楼位于永定区湖坑镇。据传建于明代初年。该楼呈正方形，四层楼四合等高，屋顶连成一片，是为绝大多数方围楼的基本形式。该楼也有自己的特点，其墙脚与墙基均为夯土版筑，没有石脚，墙脚厚2米，仅在接近地面的部分罩上一层石块以保护墙脚。楼平面为40开间，除楼梯道外，都为房间，没有设置厅堂；房间狭小，每间约8平方米，通风采光差。

（二）圆形土围楼

圆形土围楼俗称“圆楼”、“圆寨”，也有人称“环形土楼”，它指主楼由版筑而成，四合围成圆形或椭圆形土围楼。它可分为单元式与通廊式两大类，亦有单环与多环的区别。据黄汉民的研究，单元式指圆形土围楼分隔成若干单元，彼此之间不相通，这种方式主要是闽南人的居住形式；而通廊式指楼内的走廊相通，形成回廊，这主要是客家人的居住形式①。下面我们看些实例。

1. 齐云楼、日接楼、升平楼

齐云楼坐落在漳州市华安县沙建镇山坪村的一座小山上。据该楼的郭氏族谱记载，该楼为“明洪武四年（1371）大造”②，从楼门上的刻石记载看，它于明代万历十八年(1590)，清代同治六年（1867）曾重修过，是现存最古老的圆形土围楼之一。齐云楼为双环式，呈椭圆形，外圈为二层楼，内圈为平房，共分成26个单元，各单元的开间数与面积有差别，但都各设楼梯与小天井，一单元为一独立小天地。

---

① 黄汉民：《前言》，《老房子·福建民居》，江苏美术出版社1994年，第12页。

② 黄汉民：《走进圆楼世界》，《民居瑰宝二宜楼》，福建省华安县博物馆1993年编，第43页。

该楼雄踞于山包上，长约 50 米，宽约 40 米，为清理出这样的平面，齐云楼用碎石砌了 5 米多高的墙脚。在其上又用夯土版筑了 9 米外墙。因此，从某些墙脚算起，齐云楼可高达 14 米多，也因此，齐云楼的一层就开有窗户。齐云楼中有长 20 米宽 10 米左右的天井，中有一口深 30 多米的水井。该楼大门朝南，东西各有边门。奇特的是，东门为“生门”，供生孩子、娶媳妇出入用，西门为“死门”，专用于出殡。

日接楼与升平楼也位于山坪村。根据其门楣上石匾题刻看，前者建于明万历三十一年（1603），后者建于万历二十九年（1601）。前者一层为花岗岩条石构成，二三层为夯土墙；后者三层皆以花岗岩条石砌成，只有楼内的隔墙用夯土版筑。这两座圆楼也都是单元式的结构。

2. 雨伞楼

雨伞楼也在华安县沙建乡。其坐落在海拔 920 米高的山包上，由两个圆环楼组成。内环为二层楼，立于山尖，外环是顺应地势跌落的三层楼，巧妙地结合地形修建。雨伞楼四周山谷环绕，只能通过陡峭的小石阶登临，远远望去，青瓦屋顶就像撑开的雨伞，因而得名。

3. 二宜楼

二宜楼在漳州市华安县仙都镇仙都村大地社，建成于清代乾隆三十五年（1770）。二宜楼由内外两环组成，内环一层，外环四层，直径 73.4 米，占地约 10 亩。外环底墙厚 2.5 米，逐层收分，至四层楼，墙只厚 0.6 米。外墙高 16 米，全楼分 12 单元，每单元三至五开间，独立自成系统，各自从中心内院入内，每单元有自己独用的楼梯。第四层中厅为各户的客厅。厅后靠外墙设一条 1 米宽的环形通道——“隐通道”，把各户连通起来，以供防御之用。楼内的内院有两口水井（图 8)。

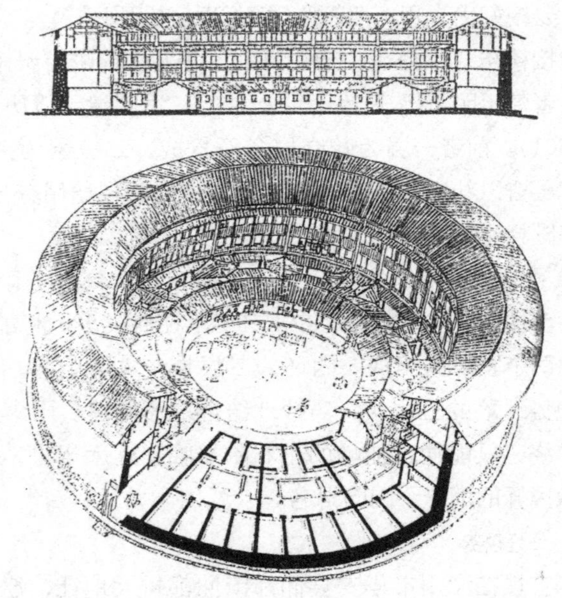

图 8：二宜楼剖面、切剖面图（取自《老房子·福建民居》）

4. 锦江楼

锦江楼坐落在漳浦县深土镇。它由3个圆环组成，均有花岗岩条石墙脚。外环36间房，为一层楼；中环26间房，虽也是一层楼，但屋高出外环，仅大门处为三层，顶层可作瞭望之用。中环屋顶为向内倾斜的单坡屋面，并设有女墙，墙内有环屋顶的“过道”，并与瞭望室相连。内环12开间，三层楼，门厅之上则为四层，顶层也作瞭望室之用。楼内有相通的回廊，内院设水井一口。这种三环相套并设有女墙层层设防的圆形土围楼，表现出强烈的防御性，是福建土围楼中的一绝（图9）。

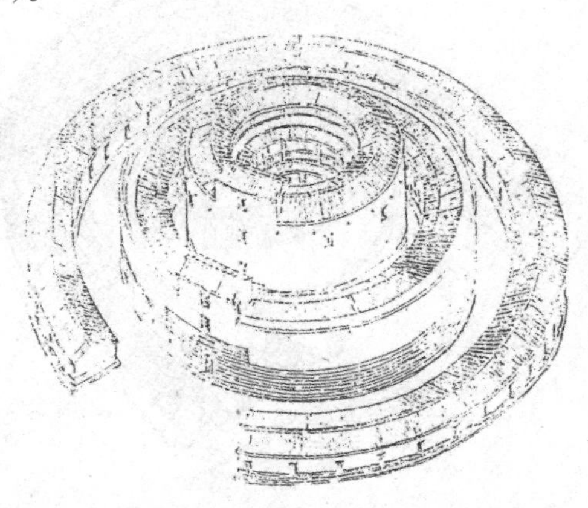

图9：锦江楼鸟瞰（取自《老房子·福建民居》）

5. 丰作阙宁楼

丰作阙宁楼坐落在平和县芦溪镇。据传该楼建于清康熙年间，因挖山、平基、备料工程浩大，故历时40年才完成。该楼内外三环，直径为77米，外楼四层高14.5米，里面为内院，直径29米，并有一口三眼水井。丰作阙宁楼分72单元，每单元为一开间，各自独立，一单元中有楼梯通到四楼，没有相通的回廊。该楼在整体布局上也独具特色，在主楼外，还环绕着俗称“楼包”的弧形二层土楼，并形成门前广场。同时，广场的一侧还修有三开间两进的四合院式祠堂（图10）。

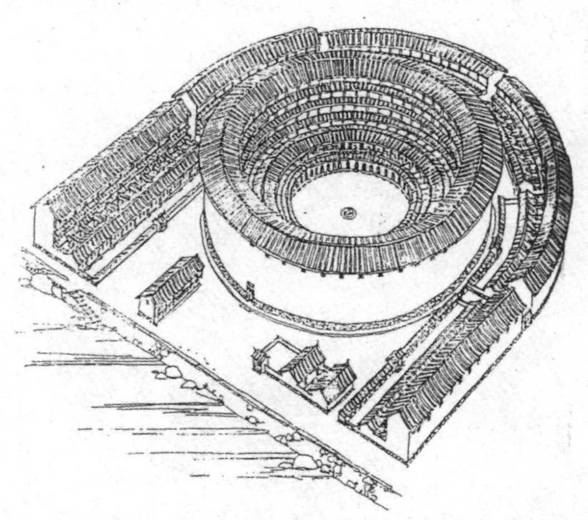

图10：丰作阙宁楼鸟瞰（取自《老房子·福建民居》）

6. 龙见楼

龙见楼可能是单元式圆形土围楼中直径最大者。它位于平和县九峰镇，其外径达 82 米，外环为三层楼，仅开一大门，除大门厅及正对大门的三开间客厅外，两旁各分 23 独立单元，各单元均从内院入口，各有楼梯上下，因此，楼内没有相通的回廊。

7. 顺裕楼

顺裕楼位于南靖县书洋镇石桥村，是目前所知最大的内通廊式的圆形土围楼，其外径 74.1 米，外环为四层楼高 16 米，每层 70 开间，共 280 间。走廊均为通廊式的回廊，楼内四角各设公梯一座。一层多为厨房、饭堂，二层为仓库，均不向外开窗，三四层为卧室，向外开窗户。

8. 承启楼

承启楼坐落于永定区古竹乡。该楼始建于清代康熙四十八年（1709），整座楼由四个同心圆的环楼组成，直径 73 米，外墙周长 1 915.6 米，总面积 5 376.17 平方米。外环楼四层，高 12.4 米，72 开间，四层共 288 间；第二环二层，每层 40 间，共 80 间；第三环为平房，有 32 间；中心为由厅堂与回廊组成的单层“四架三间”两堂式四合院圆屋。该楼一层为厨房，二层为仓库，三四层为卧室，并向外开窗。楼内还设有水井两口。承启楼在《中国古代建筑史》中作为圆形土围楼的代表最早被介绍，台湾桃园小人国还制作了它的模型，其形象也印在国家名片——邮票上，所以，它最有名（图11）。

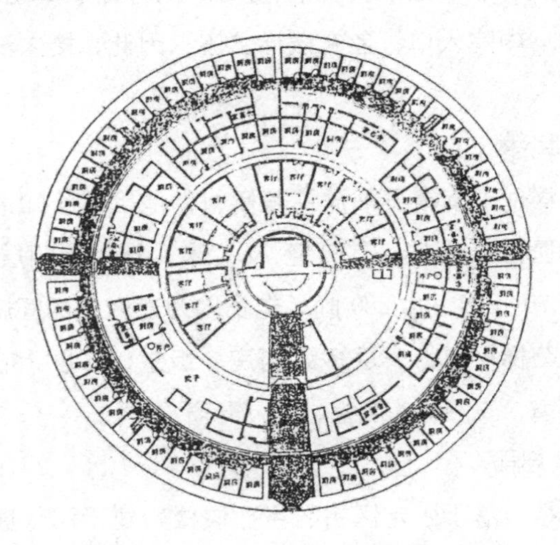

图11：承启楼一层平面（取自《住宅建筑》1987. 3）

9. 振成楼

振成楼位于永定区湖坑镇洪坑村，是由福裕楼主林上坚的孙子林鸿超主持，花8万大洋在1912年始建，历时5年才完工的。振成楼内外双环，外环四层，高20米，按八卦方位分成八等份，每卦 6 间，每层 48 间，卦与卦之间设防火墙，概设门户，门闭自成院落，门开回廊连成一体。内环为二层建筑，但正对大门处为高大宽敞的中心大厅，是楼中从事重要活动的中心场所。内环中为天井，有小花园作点缀；内环外左右各有一水井，与两旁门连成一线。全楼设 3 座门，大门朝南，旁门在东西，楼主人平时皆从旁门出入，而大门则要逢大节日或婚丧大事才使用，或是七品以上要员来到，才开大门迎接。

10. 如升楼

如升楼也在洪坑村，位于上述福裕楼的斜对面的溪边狭小的空地上，是迄今所知最小的圆形土围楼之一。它外直径只有 17.4 米，环楼 16 开间，高三层，楼内天井的直径只有 5.2 米，形成极小的内院。整座土围楼就像一个度量大米用的小米升，所以根据这一米升的形象取名为如升楼。

（三）不规则形土围楼

在土围楼中还有一些无法归类于上述两类的，这就是不规则形的土围楼。它们数量不多，但造型特殊，形式各异，布局新奇，或为五角，或为八角，变化多端，下面让我们看些实例。

1. 顺源楼

顺源楼位于永定区古竹乡高东村。它坐落在溪边的一块三角形地段上，平面取不规则五边形，并随溪边坡地的高下而建，是一幢难得的不规则五角形土围楼。顺源楼高三层，内有相通的回廊，靠溪一面的三楼外墙上，还有一木构的阳台。该楼内院为三角形，利用陡峭地形分成上下两台，下台有水井一口（图 12）。

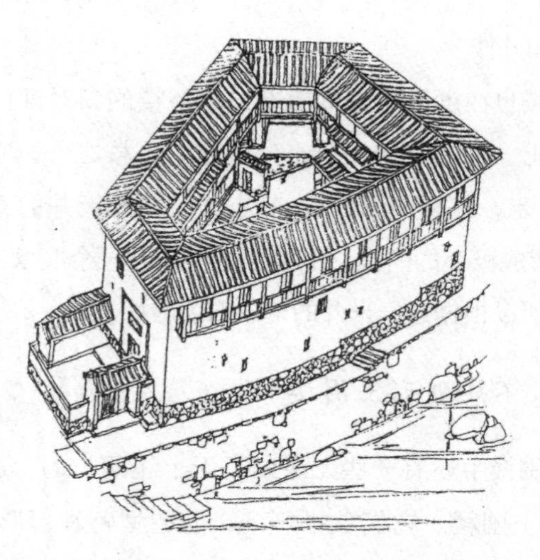

图 12：顺源楼鸟瞰（取自《老房子·福建民居》）

2. 在田楼

在田楼坐落在诏安县官陂镇大边村，始建于清代乾隆初年。从平面看楼呈八角抹圆，几近于圆形，是一座八角或八卦形的土围楼。在田楼外环三层，高 12 米，内环为平房。围楼分为 64 个单元，各由内院入内，并各有楼梯通到三楼。在楼内的内院中有一口水井，另在内院偏后处还有一边长约 40 米的方形二层围楼。方围楼的内环为平房，是为以平房相连的 3 座“四架三间”祠堂。方围楼的大门与八角围楼的大门相错约为 90 度（图 13）。

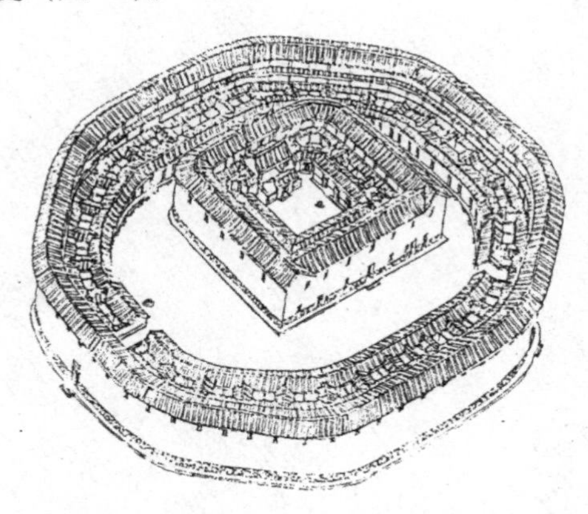

图 13：在田楼鸟瞰（取自《老房子·福建民居》）

3. 八卦堡

八卦堡建于清代中期，位于漳浦县深土镇东平村。八卦堡是当地的俗称，它并非土堡式建筑，而是由五环相套，并有八卦意义的圆形民居组成的小村落。该村的中心为 14 间环形版筑的平房构成，外围则以八卦形布局，断断续续地环建四环版筑环形平房。从屋后的山上或从天上鸟瞰，整个村落的布局就像一个八卦图形，故而俗称八卦堡。

三　版筑夯起的巨厦

——土围楼的建造方法

初次见到土围楼的人，都会为其庞大的规模而感到吃惊。日本琉球大学的福岛骏介参观了土围楼以后，对土围楼倍加称赞，认为土围楼是“利用特殊材料和绝妙的方法建起的大厦”。到底建造土围楼的材料有什么“特殊”？它的建造方法又如何“绝妙”？这是本章要叙述的。

（一）看风水选址

为了与自然和人文环境和谐一致，建土围楼的第一要务是看风水选址。这通常都要请风水先生。土围楼之乡，绝大多数是“八山一水一田”的山区，那里山间平地很少，耕地非常可贵，因此，土围楼多建造在溪边的山坡上。一般都选择在背山面水，左右环抱的地方。

风水先生选址，通常都要通过觅龙、察砂、观水等步骤。觅龙就是寻找龙脉，观察山脉的来龙去脉以及盛衰吉凶，以求能得阴阳之气和合之地，才能平安顺利，得享安乐，人丁兴旺，人文兴盛等。大凡山脉起伏曲折而草木茂盛者为有生气。因为草木茂盛表示有水源，泉水充盈，才能滋养万物，而草木茂盛则能保护土围楼不受凶风恶雨的侵袭。察砂即观察主体山脉四周的小山和护山，来风的一边称上砂，要求高大，才能挡住凶风恶暴；与上砂相对的就是下砂，它要求低矮，因为其功能是回风护气。还有观水，此指观察水源与河川的走向。观水要“开天门，闭地户”，换言之，来水处称天门，天门要开敞，也就是入水口可以多支流汇聚，此象征财源广进；去水处称地户，以不见水去、缓出或潜流暗出为佳，也就是出水口忌多头，此象征着财源可以留住，不会漏财。所以凡是背靠的山脉郁郁葱葱，草木繁盛，宅基负阴抱阳，而又能坐北朝南，依山临水，背后有坚实可靠的屏障；上砂高耸，下砂低伏，左右有山坡护卫，顾盼有情；天门开敞，来水明显，地户幽闭，见不到去水；前方开敞，远处有层峦叠翠的屏山罗列，如果还可以面对独峰挺翠的笔架山或笔锋山，这样的宅基址是最好的地点。

通过觅龙、察砂、观水而后确定的选址，通常以其肖形某种动物作为比喻，例如华安县仙都乡的二宜楼依山傍水，背靠的蜈蚣山山丘绵延逶迤，宛如蜈蚣缓缓爬行，山前地势平缓开阔，两条清澈的小溪于楼前交汇后直奔西南而去，二宜楼就坐落在小溪交汇之地，楼圆形像一颗宝珠，所以二宜楼这个建筑地址人们称之为“蜈蚣吐宝珠”穴。

如果在村子里面建造土围楼，虽然也需要看风水选地，但必须在村落里的有限空间中选择，因此它只能是尽可能地避免不好的房址。一般而言，在一些所谓的煞风口、死脉、恶地不会建房；其次，祠堂的旧地基及与其毗邻的地基，神庙庵堂的旧地基及其毗邻的地基，都被认为是不可建造住宅的地方；其三，厕所的旧址，也没有人会在上面建造住宅，因为厕所是污秽之地，人们认为其不洁净；其四，有人死于非命的地方，如停棺之所旧地基，杀人现场等，也是不适于建造住宅的地点。另外，在村落里建造土围楼，还得考虑与周围人家的关系，土围楼不得高于后面的房子，屋角不能直指别人家的大门，等等。因此，在村落里建造土围楼，既要考虑风水问题，也必须考虑风水不会伤到别人家。总之，应该同周围的人家和睦相处，达到和谐一致，这样居家的生活也才会平安、顺利、发达、兴旺。

（二）建造土围楼的材料

传统建造土围楼所使用的材料几乎都是山区随手可得的东西。砌墙基的河卵石来自小溪边。山石块来自山里。拌泥用的沙来自小溪或河里。木结构的木料与作为“墙骨”的杉木、杂木、竹子等都来自大山。由于木板材需要完全干燥、不再缩水的，通常木料需三个伏暑才能干燥，所以木料要及早准备。此外，抹壁面和配制三合土必需的石灰，也是用山区盛产的石灰岩烧制的。抹壁面所要配用的土纸浆，也是本地用竹子或茅草捣成纸浆制成的。青瓦与青砖，也是当地用田底泥烧成的。由于石灰、土纸浆、青瓦、青砖需以专门技术制作，所以这些材料需购买，其他的材料则可以自家出劳动力去砍伐和收集。

版筑土围楼需要最多的是泥土，在山区它到处都有。建造土围楼用的泥土包括红壤土、田底泥、老墙泥等。红壤土在土围楼之乡随手可得。但在取土时，要去掉山体表层的腐殖质，取其下的生土，也就是净红壤土。其见水黏度大，干燥后崩脱厉害，缩水率较大，会倾斜走样和严重开裂，因此，不能单独使用。田底泥是指耕地下层不曾被犁翻过的生土。其过于粘硬，也不宜单独使用。老墙泥则指旧墙的泥土，它是完全发过酵的泥土，能减少墙体收缩开裂，不过，由于其表层长期受雨水冲刷，或倒塌后受腐殖质的渗透，其坚固性也大大降低，所以也不再适于单独使用。因此，建造土围楼时，为了使土墙夯得坚固，缩水率小，缩水缓慢均匀，少开裂，有较好的韧性等，所使用的泥土就必须用上述三者以及沙子调配，并经过发酵后才能使用。

由于土壤的性质和含沙量千差万别，拌土时的配方也没有统一的标准。如何配制，全凭泥水匠师傅的经验。一般而言，以泥土不粘不散的状况为最好。所以，用黏度较大的红壤土需加一些细河沙或田底泥、老墙泥；而用田底泥或老墙泥为主的时候，则需添加红壤土。泥土备好后，还需要做泥，也就是调匀泥料，并让它们发酵成为熟土。这主要靠泼水翻锄搅拌，并堆放一些时日发酵。泼水以湿润全部泥料，但翻土时不粘锄，不起泥浆为宜。经过翻锄搅拌后的泥料，要堆着让它发酵。夜晚时最好在土堆上加盖稻草等，这可以加快生土发酵的过程。反复翻锄搅拌几次后，泥料就会变得细匀融合，这才真正成为适合于夯筑土墙的原料了。其标准是手抓一把泥，握之能成块，轻搓或掉到地下即散开为佳。由于泥料发酵得越老到、越充分越好，所以有时泥料准备了以后，会故意延长堆放的时间，待其充分发酵后，才开始版筑墙体。

至于三合土也需发酵，而且发酵的时间要长于普通夯土。三合土主要成分为河沙、石灰和红壤土，其分为湿夯、干夯、特殊配方湿夯三种。湿夯三合土的配方，沙、石灰、红壤土的比例3∶2∶1，沙占一半，但不能多于一半，土也可以增加到一半，但如果沙、土的一种超过70%，质量就不好。干夯三合土以土为主，沙、石灰、红壤土的比例可以为3∶3∶4，也可以是2∶3∶5。特殊配方的三合土是在三合土中加入红糖、蛋清与糯米这三种材料。其做法是：把糯米磨成粉，先用冷水拌匀，然后再加入大量开水稀释，接着加入红糖搅匀，待冷却后再加入蛋清搅匀，再把这种粘固剂加入已发酵成熟的三合土中翻匀，就可使用。由于特殊配方的三合土都用于湿夯，所以在湿夯时，实际上是用这种糯米汤、红糖、蛋清混合的粘固剂当水来调湿三合土进行作业。

（三）简陋的工具与经验丰富的工匠

1. 简陋的工具

夯筑神奇高大的土围楼的工具相当简单，其大致有：墙筛一副，夯杵两根，圆木横担若干支，大板一把，小板若干把，绳线一盘，鲁班尺或杨公尺、短尺、三角尺、水准尺各一把，铁锤、榔头、铁铲、木槌、丁字镐各一把，泥刀、锄头、木铲若干，簸箕、竹刮刀若干。这就是泥水匠建造土围楼的全套工具。

这些工具有些是购自市场，如铁锤等，有的得自制，如墙筛、夯杵、大板、小板、横担等均须泥水匠自制或请木匠制作。墙筛也称墙枋、墙槌版、墙推版。它用老硬的杉木制成，其内平整，外部粗糙一些无妨，一般长1.5～2米，高40厘米，厚7厘米。而建造圆形土围楼的墙筛则制成弧形状。其形状类似制作泥砖的木模，但一端是开放的，非开放的一端以“墙针”固定。“墙针”为两根以榫头固定的横封，其内的宽度即为土墙的厚度。在墙针上还有一个测定墙筛是否与地面垂直的小装置，即在墙针横封的中间垂直刻一小槽，并在其上悬挂一条铅垂线，当墙筛垂直时，垂线与刻线完全重合，而当它们有偏离，则表示墙筛没有垂直，泥水匠就会对此加以调整。墙筛开放的一端则用“墙卡”支撑。“墙卡”用硬杂木制成，可以灵活拆卸，它是两支略呈弧形弯曲的方木，中间连着一根横木——锁板卡，固定成H形，当把两头带有凹槽的撑棍从墙卡的上臂卡下去槌紧后，就可以把墙筛的两块模板牢牢地卡在已夯好的土墙上。当这版墙夯筑完后，用木槌将撑棍敲出，墙卡就松托，墙筛也就可以移动去筑另一版墙了。

夯筑土墙用的夯杵也称“墙槌”，其以重实而且不易裂开的木料制作。长约与人等高，两头大，中间细，杵头一大一小，小头直径约8厘米，大头直径约10厘米，中间部分削至适于手握为准，没有统一的标准。在夯筑土墙时，一般先用小头夯筑刚上墙筛的虚土，待夯得差不多时再用大头夯平、夯实。在泥水匠的工具中，墙筛与夯杵是最主要的工具，它们是泥水匠的主要看家工具，因此每年的春节，泥水匠都会给它们点红，以示吉利。

自制的工具中还有大小板，即大小拍板或大小修墙板。它们均用坚硬的杂木制成，又硬又韧，重击不裂。小拍板长约20厘米，宽约7厘米，圆把手，其形状有些像鞋撑。大拍板形状与小拍板类似，也是圆把手，长约1米，宽则略大于小拍板。至于横担也称“承模棒”，是用于搁置墙筛的，它也用硬杂木制成，圆形，一头大一头小，长度一般要比土墙的宽度长约20厘米。当要架墙筛时，先在已夯好下层土墙上挖两道浅沟，放下横担，然后再把墙筛搁置其上，卡紧开放的一头，就可夯筑了。当夯完一版墙时，拆掉墙筛，从墙体上槌击横担的小头，取出横担，再重新安放，又可继续夯墙。至于横担形成的小洞，在补墙时把它补上。

2. 经验丰富的工匠

建造土围楼至少需请泥水匠和木匠师傅各一人，或各一班。木匠一般带一二个徒弟，而泥水匠一班通常有四五人，有合作者、出师的徒弟、未出师的徒弟等。由于建造土围楼时，泥水匠与木匠要很好地配合，如泥水匠留下的横梁孔比木匠做的横梁大就麻烦了，所以往往是请一泥水匠师傅负责，由他去组织泥水匠班与木匠班队伍，这样才能互相配合得默契。

泥水匠师傅负责全盘工作，凭经验简单地根据主人的要求设计土围楼的示意图，指导配夯土和做泥，确定经纬，垂直，放样，解决施工中出现的技术难题，如墙体偏离、缩水走样等，有着绝对的权威，而且胸有成竹。修墙补墙的人需要技术娴熟，有相当经验才行，这常由出了师的工匠从事。而夯筑土墙的人则需要壮汉，能够出大力气，多由师傅与未出师的徒弟一起干，师傅的夯杵点到那里，徒弟的夯杵就跟到那里。泥水匠不仅需要技术、经验，同时也需要胆量。因为，当夯筑到高层时，仍需站在十多米的土墙上夯土，或探出身子，抡圆膀子用大拍板拍墙，或蹲在高墙上，探出身子用小拍板补墙，稍有不慎，就可能摔下楼来，因此，作为一个建造土围楼的泥水匠，需要艺高胆大。建造土围楼，还需要一些小工，他们的工作是运土、做泥、上泥、上料等。建到高层时，小工则相对需要多些。

在建造土围楼的过程中，小工多由自家人或族亲、亲戚、朋友担当，多采取换工的形式去请，大家相互帮助。而泥水匠与木匠则是请来的“专家”，对他们多采取承包的方式付酬，即建造一座土围楼需多少工钱定死，完工时付工钱。另外，主人还需供应泥水匠与木匠三餐伙食与两餐点心，以及香烟和茶水，本村的小工则回家吃三餐，主人则提供点心和烟茶。对工匠，要招待周到，初一、十五或初二、十六要加点菜，过节也需加餐。民间认为如果招待不周，引起工匠的不满，他们会在建造土围楼的过程中做一些巫术，使土围楼不好住，或使建土围楼的主人倒霉，所以，主人对工匠总是竭尽全力招待。

（四）万丈高楼平地起

1. 开地基

兴建土围楼时，首先要“放线”，这在风水先生选择的宅基地上由工匠进行。先由风水先生定出方位，确定出正门门槛的位置。随后再用罗盘定出土围楼的中轴线。中轴线均以正门的中点为一个基准，由此向反向延伸。中轴线远离正门一端，在不妨碍施工的地方，要立一个贴有“杨公符”的木桩，其既是中轴线的标记，同时也象征杨公先师的神位。该木桩一般用桃木做成，高为杨公尺3.3尺，宽约3～5寸，以合吉数，而且还要头下梢上地制作，做完后，正面与左右两面贴符。钉立杨公符木桩，要先举行开光仪式。做仪式时，由风水先生等执行，需要点香烛，杀鸡敬告天地及杨公先师和神灵，放鞭炮，用鸡血点符。因为，在建楼的过程中，杨公先师将保佑工匠的平安，以及保佑土围楼建筑工作的顺利进行。有的人家还会请风水先生做“出破军”的除煞仪式，以洁净建筑工地。另外，在动工前，木匠要祭祀鲁班仙师，泥水匠也要祭祀荷叶仙师。都祭祀完毕后，由风水先生再次用罗盘校准中轴线方位，定好杨公符木桩，就可以开始放样及开挖基槽。

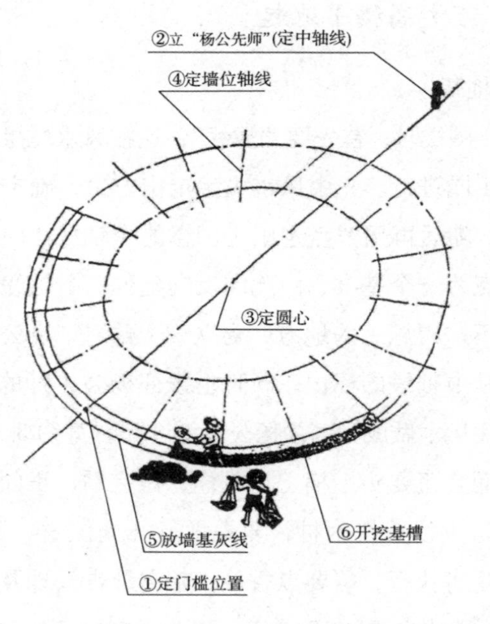

图 14：开地基示意（取自《汉声》22 期）

定好中轴线以后，需要根据宅基地的大小、所需要的房间多少、财力、物力等，来定出土围楼的大小。如是方形土围楼，需要确定长宽，根据层数、房间的多少，定出内、外墙位置，划分开间，再根据设计好的外墙宽度，画好外墙基槽的灰线，这样就可以开始挖基槽筑地基了。如果是圆形土围墙，情况也如此，也要根据财力、物力，以及所需要的房间数量等来定层数、间数，算出半径。再从门槛中点出发，沿中轴线定出圆心。再用绳子绕圆心画出内、外墙的位置，然后划分开间。再根据设计好的外墙宽度画出基槽的灰线，这以后就可以挖槽筑地基了（图 14）。

2. 打石脚

在挖俗称“大脚坑”的地基基槽时，其深度一般是根据宅基地的土质情况而定。通常要挖至生土层，深约二三尺到五六尺不等。有时虚土过深或沙底，如果不想放弃，则以打松木桩、填巨石等办法固基。挖完基槽后，就可以砌地基了，在土围楼之乡，此称“打石脚”。打石脚分两部分，一是垫墙基，一是砌墙脚。垫墙基指砌与地面齐平的石脚或楼基，有的地方俗称“大脚”；而砌墙脚则指砌露出地面的那部分石脚或地基，有的地方俗称“小脚”。在垫墙基之前，需先在中轴线后端的基槽中安放代表金木水火土的“五星石”，然后，放一些鞭炮，才真正开始打石脚。

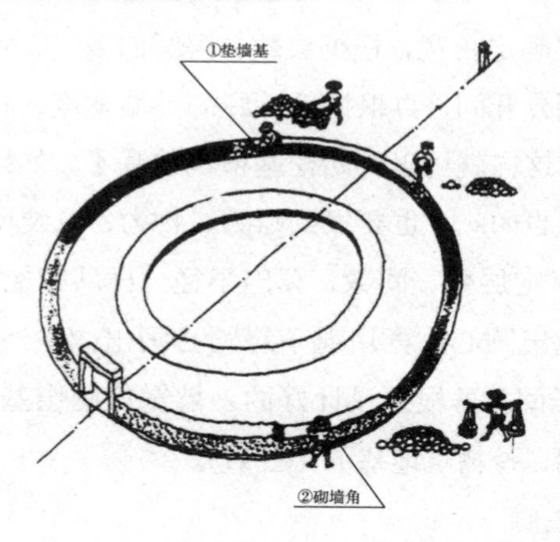

图 15：打石脚示意（取自《汉声》22 期）

地下的楼基与地面上的墙脚基本同宽，但从下到上都会有一点收分。楼基多用溪边随手可得的河卵石垒砌，一般以大块的河卵石砌地基的外面，小一些的河卵石砌地基内部，空隙也以小块河卵石填塞实。建方形土围楼时，四角要用巨石填定，以保证屋角地基的稳定。楼基垒砌好后填土夯实，然后再砌墙脚。

墙脚也多用河卵石或毛石垒砌，而且内外两面都用泥灰勾缝或用三合土湿砌。有时为了墙脚更为牢固，也常在墙脚内外两面抹一层三合土浆，待干燥到一定程度，再用草锤拍击，使三合土墙面与其内紧贴，使墙脚强固。墙脚高度各地不一样，一般为二三尺高，也有高至门楣的。在有洪水的地方，要砌到最高洪水位以上，以避免水浸湿夯土墙而发生坍塌。

用大块河卵石垒砌楼基、墙脚时，要注意河卵石的放置应大面朝下，小面朝上，大头朝内，小头朝外；垒砌时还得注意三方靠稳，相互卡住，并注意砌筑面向内略有倾斜，下大上小，略有收分，这样楼基、墙脚才会稳固，才不会被撬开。这种垒砌楼基、墙脚的方法比坐浆砌筑的方法更加牢固，既无法在上面打洞，也不会形成毛细现象，可以防止地下水沿楼基、墙脚向上渗透，使墙身保持干燥，由此，以垒砌方法砌成的楼基、墙脚具有防潮的作用（图 15）。

3. 行墙

墙脚砌好之后，就可以开始夯筑土墙了。如墙脚壁面抹有三合土，则要等墙脚三合土壁面干固后，才可以在上面支起“墙筛”夯筑土墙。此民间俗称“行墙”，是建土围楼的主要工序。在行墙前夜，主人要请风水先生、泥水匠、木匠、小工等吃动工酒。而在动手行墙之前，还需用鸡、鱼、猪肉等三牲祭祀一下杨公及墙筛、墙槌，给墙筛等上红，并放些鞭炮，以示吉利。

行墙时，先上好墙筛，然后放进俗称“墙梆”的竹筋或杉木棍作为墙骨，以增强土墙的整体性，接着倒入拌好的黏土，上满一墙筛时，就开始夯筑。当这一筛土夯实后，可放进几根短竹筋当作墙骨，再上满黏土，接着再夯。每版墙夯筑的次数一般是四次以上，也就是上四次土夯成一墙筛高。越往高处，上土夯筑的次数可逐步减少一些，因为高处的墙体所受的压力要小些，质量要求也相对可以放松一些。夯土墙时，薄的土墙需两个人同时夯，而厚的土墙则需要四个人同时夯。夯筑方形土围楼时，在转角处，还要用较粗的杉木交叉固定成 L 形作为墙骨，以加强墙角的整体性。另外，在夯筑土围楼的墙体时，到了二层以上，在每个开间的正中的适当位置，经验丰富的泥水师傅还会预先放置窗排，甚至窗框。

在开始行墙时，如果主人因吉利的关系，要求按某个方向开始行第一版墙，就按主人的要求办，否则随便往哪个方向开始行墙都是允许的。不过，行完一周后，行第二周时，必须反方向从事夯筑，即必须正、反方向轮流进行，这样，墙体才会更加牢固。一般而言，一天行一周墙，要让它略干后再夯第二周，所以很少一天夯两周的。在夯筑下一周墙体时，要在夯好的土墙上洒些水，以使上下周之间能够夯合。实际上，在夯筑同一版墙时，在上土前也需洒些水，以使层与层之间能夯合。土墙内外一般都比墙脚略宽一些。土墙与墙脚交接处，通常在行第一周墙时，就需用小拍板拍打成折角。这样做既美观，又有利于泥水匠师傅悬垂线修墙。

在夯成的毛墙还未风干前还必须进行修墙补墙的工作。首先是过一遍大板，即站在夯完的土墙上，用大拍板把墙体拍打结实。如果毛墙过厚或移位，要先用泥铲除去一部分后，再用大拍板拍实。其次是补墙，即在过了大拍板后，用细泥与小拍板修补墙面，补墙前要在墙面上洒些水使之湿润，然后边洒湿润的细泥边用小板拍实。此后再过一遍大板，这次主要是使墙面具有光洁。修墙补墙后，版层的接缝将弥合，墙面的密度也大大增强，就像形成了一层坚硬的外壳，表面的平整、光洁度也大为增加，使整个墙面更加美观（图 16）。

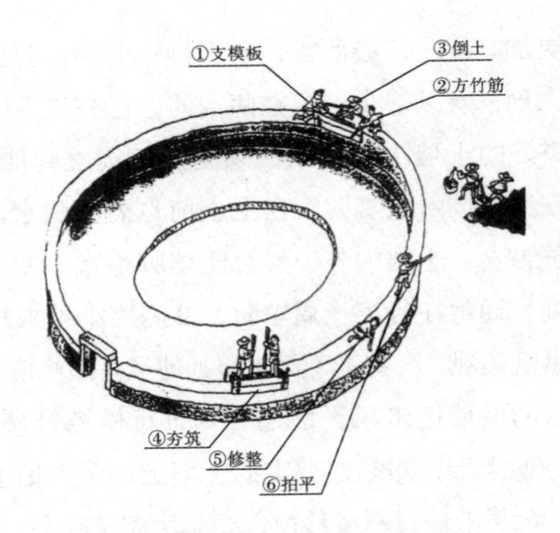

图 16：行墙示意（取自《汉声》22 期）

夯筑土围楼时，墙体都是下宽上窄地收分，而且都在墙的内面收分。一般采取每高一个楼层收分一次，其收分的断面正好与楼棚枕齐平，可以由楼板遮住。由于日晒风吹，土墙两面的干燥速度不一。后干的一面较软，土墙会倒向后干的一侧。所以施工时应凭经验适度地将墙身略倾向向阳的一侧，等筑好干燥后，墙体就会自动调整过来。另外，在夯筑较薄的土墙时，有时会因为风力的作用而造成倾斜，这时就需用木棍吊挂石块撑住背风的一侧，以防倾斜。

4. 献架

献架指完成立柱、架梁、铺板等木结构部分的工作。当夯筑的土墙达第二层时，就可以开始献架。在开始上二层楼的棚枕时，主人家要请工匠与小工们吃酒，有的地方民间俗称此为“食棚枕酒”。主人杀鸡、杀鸭、做糍粑等请工匠、小工们吃一顿，庆贺施工的顺利，也有给工匠、小工进补之意，因为二层楼棚枕以上高度的施工会更加辛苦。而在上棚枕之前，还要小祭一下，放些鞭炮。

由于土围楼的外墙很结实，可以承受很大的重量，所以献架时，木梁的一端直接架在外墙挖好的小槽中，另一端则由内圈竖起的木柱支撑，柱子与柱子之间架上横梁，横梁与外墙之间还需架上搁置楼板的“龙骨”。每开间并排若干龙骨，它们一端架在横梁上，并有部分挑出，以便安装楼上走廊的地板之用；另一端则直接搁置在外墙上挖出的槽内。在继续往上的夯筑时，就把它们都紧紧地夯筑在外墙中。然后就可以铺设木楼板了。木楼板都用竹钉固定。而这些竹钉需用硬皮老竹头制成，还需用热沙子炒至干老变黄，所以其干燥耐用。至于单元式的土围楼，往往是在夯土版筑成或砖砌成的隔间墙上直接架梁与龙骨并铺设楼板。另外就是在楼道间安装楼梯，以便上下。也有的人家是等到大楼封顶后，才全面铺设楼板和楼梯。

到了外墙版筑到第三层楼时，上述的过程又得重复一次。不过，这时竖起的柱子，不是竖在地板上，而是在支撑二楼柱子上再竖起支撑三楼的柱子。并在其上架横梁与龙骨（图 17）。

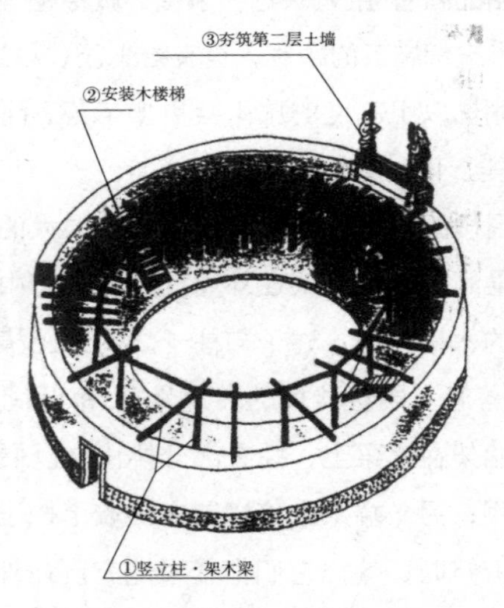

图 17：献架示意（取自《汉声》22 期）

5. 出水

大型的土围楼往往需要建造好几年，因为版筑土墙时不能在雨季，土墙也得风干。所以一般是一年建一层。当用了三四年建到顶层时，就可以封瓦顶了，有的地方俗称此为“出水”。

建屋顶时，先是架好木结构的梁架。一般都是以“穿斗”和“抬梁”结合搭建梁架。上大梁时需在风水先生选定的日子与时辰上，并举行“上红仪式”。有的先给大梁油漆、画八卦，待举行仪式时，由木匠给八卦开光、点眼，由风水先生给八卦洒雄鸡血酒。有的没有事先油漆，则给大梁点红，或在大梁正中扎上画有八卦的红布，给八卦开光、点眼。还要在大梁上对称地挂上两小包五谷与两小包钉子（钉与丁谐音），以象征今后能五谷丰登、人丁兴旺。仪式做完后，才用长条红布或蓝布上梁。上完大梁后也得放鞭炮庆贺，宴请风水先生与工匠。梁上好后，就可钉望板、檩条等。然后，再铺上屋瓦，并用砖压住以避免瓦被风吹走。至此，屋顶部分就算完工了。

圆形土围楼两坡屋顶的内外出檐并不对称，内檐较短，外檐则很长，一般都有 2～4 米，这主要是为了防止雨水打湿外围土墙。由于土围楼屋顶的外坡向外伸展较长，因此，其周长较大，而内坡越往内则周长越小。为了使圆形土围楼的屋顶能全盖上瓦片，在圆形土围楼出水时，往往采取“剪瓦”的手段来处理。即在铺设圆形土围楼的屋顶时，大部分瓦垄仍旧照一般的铺法，只是在每一开间的外坡作一个“开叉”，将一条瓦垄开成两条，以增加圆周的周长。内坡则每一开间剪一至二条，以减少圆周的周长。这样，只要调整少数一二条瓦垄，将少数板瓦稍作剪裁，就可以适应圆形土围楼屋顶弧形变化的要求了。

屋顶盖完，俗称出水，这时主人也得以祭仪答谢杨公仙师、神灵等，当空焚烧杨公符，送神归天。然后设酒宴请工匠、小工，庆贺一下，此称“出水酒”。这以后就转入内外装修了（图 18）。

6. 内外装修

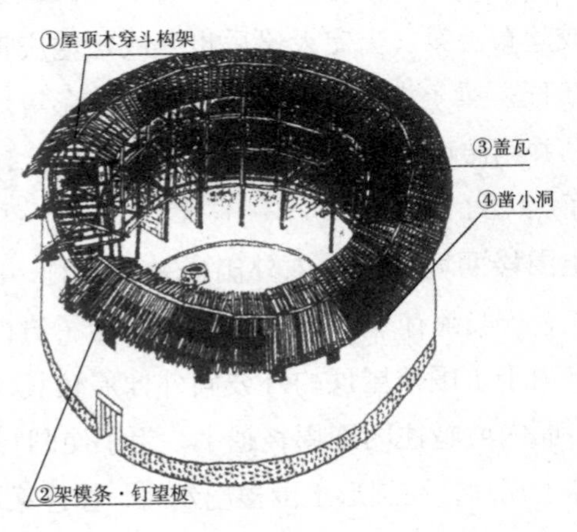

图 18：出水示意（取自《汉声》22 期）

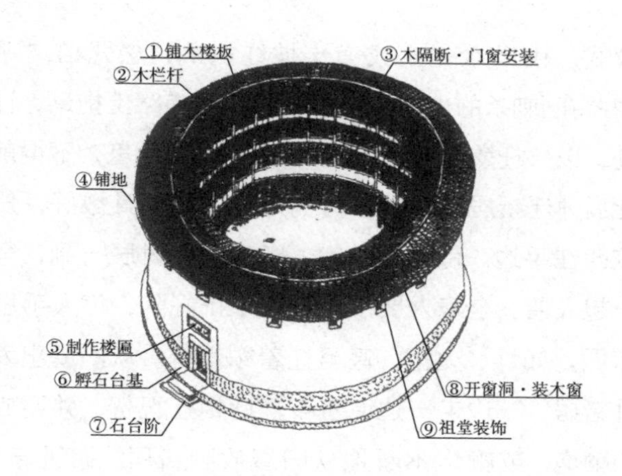

图 19：内外装修示意（取自《汉声》22 期）

在出水封顶后，一座土围楼的结构就告完成。接下来的事就是内外装修的工作。这个阶段的工作有铺木楼板，开外墙窗洞装木窗，装各间的门窗，安走廊栏杆与楼板，铺设地面，做内外卵石台基和大门的石阶，砌灶，并制作楼匾，装饰厅堂等。有的还要用卵石铺设天井，铺设晒谷坪，建围墙、照壁，建外大门等。这些做完大致又要一年，所以建一座土围楼一般都要四五年工夫（图 19）。

最后的完工，照例也得请客。此后，再选一个好日子好时辰搬进新居。迁居之前，还得请风水先生，或道士做“出煞”仪式。由风水先生或道士披红执剑，念咒语“呼龙赶煞”，并将刚刺杀的生猪在土围楼的主要道路上拖动，让其血洒四处，以“赶煞驱邪”，并正告各种孤魂野鬼，不得前来滋扰，此后才迁新居。搬新家时，先把主要家具搬好，只留一些小东西在手边。待仪式做完，搬家的好时辰一到，全家人排队一起入屋。全家人要按年龄大小排好队，每人手里都要拿些东西，如灯、火把，甚至扛着犁耙等。从旧屋出发，步行走进新居，一边走一边说着吉祥话相互祝贺，并要放一串很长的鞭炮，或鞭炮不断地从旧屋放到新居。搬进新居后，还要大摆酒席，宴请乡亲，以庆贺迁入新居。

四 雅俗相兼的装饰艺术

土围楼之奇不仅在于它的粗犷、朴实、雄伟、壮观，而且也体现在它们具有雅俗相兼的装饰上，从而，土围楼在粗犷中含有精致万方，在朴实中透出气派非凡，在雄伟中绽出秀气种种，在壮观中显露出诗情画意幽幽。

（一）朴实无华的整体

土围楼的整体是朴实无华的。其外墙通常只是夯土墙及石块或石条砌成的墙基，多没有施以装饰。大多数土围楼，即便用大板拍过，修补过，仍可以看到一板一板夯出的痕迹，泥土气息十足；只有极少数土围楼，在外墙上抹上一层石灰，以便保护外墙，并另有一种风味。山区溪谷地带土围楼的石脚多用大小不等的石块、河卵石砌成，其大大小小交错叠压而成，显现出一种粗犷的美。有的这类石脚也施以三合土，并用草锤把土与石锤成一体，使石脚更加牢固。而沿海地带土围楼的石脚，则多用雕琢过的花岗岩条石砌成。在砌石脚时，注意石条的横竖交叉。由于石条的表面大都经过雕琢，既平直又规则，从而使这种以横竖的石条交错砌成的石脚，呈现出一种有规则的韵律美。

土围楼的大门，大都以平直而无雕饰的石条作门框，有的门洞也用石条砌成，其主要目的是使大门坚固持久。大门的外框多为长方形，通常以三条雕琢平直的同宽长石条构成边框与顶框，门槛则用较窄的石条为之。圆形的土围楼的大门，为了和圆形协调，多在长方形的门框里面，收分再设一圆拱形的门框或门洞。有的这类门由一些雕琢平直的小块石条构成，如华安仙都镇的二宜楼。也有的仅用两块边框石和一块楔形的顶框石构成，如永定下洋的永康楼。

大门之上常有门匾。闽南人土围楼的门匾常是石匾。其镶嵌在土墙中，上阴刻着楼名，如“二宜楼”、“诒燕楼”、“清晏楼”、“完璧楼”、“锦江楼”等都是如此，有的石门匾上还镌有建楼或修楼的年代。客家人土围楼的门匾多是在土墙上砌一个门匾，施以石灰做匾额底，然后再用墨笔写出楼名，如“怀远楼”、“承启楼”、“遗经楼”等均如此。有的也用石匾，但仍以石灰抹底，墨书楼名，如振成楼等。

土围楼内的木构部分，也是简朴无华的，它们通常都不施油漆。土围楼的梁柱、楼板、门窗、楼梯、内墙、遮栏等几乎都用杉木制成，大门板常用硬杂木制作，有的大门向外的一面包有铁皮，但大多数都没有装饰。土围楼主体的柱子、梁架等几乎都没有雕饰，只有土围楼内的中堂屋或设在外环楼内的厅堂的梁柱、梁架、斗拱等才施以雕琢。土围楼外环楼回廊的遮栏，一般都用长方形木条制作，很少有装饰。外环楼的窗户也很少雕琢，一般而言，客家人土围楼的外环楼窗户多用木头制作，而闽南人土围楼外环楼的窗户则多以细小的石条构成，狭窗“口”字形，宽窗则呈“四”字形。

至于屋顶，如是通体为一脊的方形或圆形土围楼的屋顶，都为双倒水的人字顶。有的土围楼，特别是方形的土围楼与五凤楼，其屋顶多有些变化，有的方形土围楼如南靖县书洋镇的和贵楼，前后堂为单檐歇山顶（九脊顶），两横屋则为硬山顶。有的方形五凤式土围楼如永定区湖坑镇的福裕楼，前堂与中堂屋为略有翘脊的三川硬山顶，后堂为略翘脊的三川歇山顶，横屋前段为平脊的歇山顶，后段则为平脊的硬山顶。有的五凤楼如永定区高陂乡大堂脚村的大夫第，前堂、中堂屋为翘脊的三川歇山顶，门楼与后堂为翘脊的单脊歇山顶，横屋各分 3 段，均为平脊的歇山顶。但不论有多少变化，从整体上看，土围楼的整体与外观是朴素的。

（二）精雕细琢的小处

土围楼的整体与外观朴实无华，但在土围楼的一些细部却刻意精雕细琢。许多客家人的土围楼，特别是那些圆形的土围楼，往往在大门的四周装饰一个墙面。如永定区古竹乡的承启楼，在门框的四周做了一个墙面，其四周用红砖砌了一个高三层楼的框。框内以石灰粉饰，框内的两个上角，都饰有变形吐水青龙与弯弯曲曲蔓带构成的三角形图案，以象征富贵万代与驱避火灾；框的下部则为矮墙堵；大门边上还有对联：“承前祖德勤和俭，启后孙谋读与耕”，表达了楼中居民的期盼。又如永定区湖坑镇洪坑村的振成楼，也在大门四周做了一个墙面。其下部亦为矮墙堵，但却是石制的；墙面粉饰以石灰，素面；大门的外方框柱与内圆拱框柱均有柱础。方框柱的柱础边上饰以上下相对的宝瓶，正面雕刻着嘴叼如意的大象浮雕，象征吉祥如意。圆拱框柱实际上是门枕石，其正面雕刻着左雄右雌的守门狮子。门枕石的须弥基座上还雕刻着缠枝蔓带花纹。另外，振成楼拱门与方框之间的两个上角还雕刻有浮雕的“八宝”花纹；而在楼匾的边框上也雕刻有浮雕的蔓带牡丹、海棠花纹。雕工极其精致，花纹栩栩如生，是极难得的工艺品。振成楼与承启楼的大门墙面不同之处在于，振成楼虽也有对联，但却是刻在大门的方框柱上。其曰：“振纲立纪，成德达材”；横批为：“威凤祥麟”，反映了曾当北洋政府国会议员的楼主人的抱负和希冀。

除门框有柱础之外，土围楼一层楼的柱子也多有柱础。柱础有的只是简单的、毫无雕饰的圆桶形或长方形，有的则是雕有花纹的方形、八角形、圆鼓形或灯笼形等。所雕刻的花纹多为宝相莲花、牡丹富贵、蔓枝莲花等植物图案，也有狮子、麒麟、大象、鹿等动物图案，甚至有的还雕刻戏文人物造型，或者万字锦、团寿等几何形图案。

土围楼外环楼的窗户没有什么装饰，但楼内的一些厅堂与隔墙上的窗户与透窗却加以仔细地装饰。它们或圆，或椭圆，或正方，或长方，或菱形，或其他形状，变化多种多样，而不像外环土围楼的外窗全都是长方形那样单调。而且，这些窗户与透窗的窗棂也变化多端，有的装饰“双喜纹”，有的装饰变体“寿字纹”，有的装饰“万字纹”，有的装饰“方胜纹”，有的装饰“蔓带纹”（寓意万代延绵），有的装饰“蔓带蝙蝠纹”（寓意万代有福）等吉祥图案，以象征双喜临门、万寿无疆、万代有福、子孙万代等。

绝大多数外环土围楼的回廊与走廊的遮栏都没有装饰，只有少数一些外环土围楼的回廊与走廊的遮栏加以装饰。如华安县仙都镇的二宜楼，其走廊的遮栏装饰成葫芦形。永定湖坑镇洪坑村福裕楼中的有些走廊遮栏和凭栏，是用镂空的海棠纹绿釉陶砖做成的。有的土围楼则在某一面遮栏的正中，安装几块镂空的万字纹与寿字纹遮栏作为装饰，使得该楼的遮栏不会过于死板。

在有的土围楼中，不仅许多小处精雕细琢，而且还对外大门进行精心地装饰。例如永定区湖坑镇洪坑村的福裕楼的外大门就装饰得非常别致。有翘脊的青瓦三川歇山顶，门框、门槛均为平直的花岗岩制作，门框下还垫有雕花的门枕石，大门上方有一“昭兹来许”的石制门匾。门楼的墙堵装饰为屏风样式，每边各有两块，每块又分上下两格，其上又都画有中国画。由于有些年代了，墙堵上的画有的已模糊不清，能看得清楚的有兰竹图、松鹰图等。

此外，有的土围楼外还树有旗杆。例如平和县霞寨钟腾村的世大夫第前就树有三根旗杆，这表示该土围楼曾出过三位清代的官员。这三个旗杆现只剩下旗杆座与旗杆夹，其中一个旗杆座是四方形的，而另两个则是八角形的。四方形旗杆座与旗杆夹低于八角形的，基座上雕刻着雉鸟。而八角旗杆座上则雕刻着不同姿势的麒麟，形象生动活泼，充满着动感。据民间传说旗杆座的角越多表示官越大。另外从不同型制的旗杆座高矮以及基座上雕刻的雉鸟、麒麟图案与清代文武官员的补子相类的情况看，四方形旗杆座是前清文官的，而八角形旗杆座则是武官的，而且其品秩高于前者。

（三）多变的内部空间结构

除了五凤楼的一些类型外，几乎所有的土围楼的外环楼都建成方筒状或圆筒状。然而在外环楼的内部如果建有中堂屋，或建有内环楼及其他建筑，其内部的空间结构就会发生多种变化。

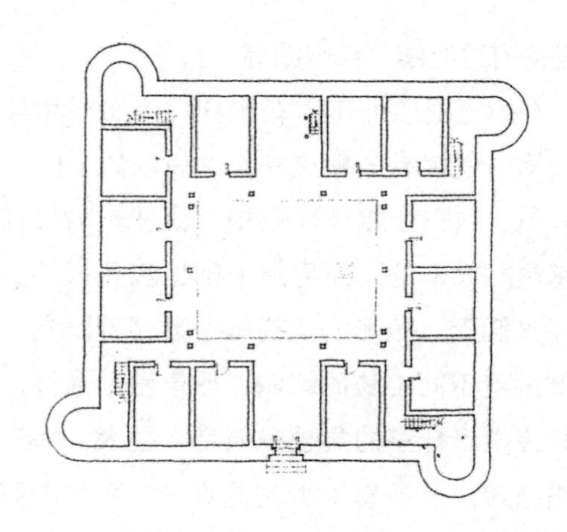

图 20：清晏楼平面（取自《老房子，福建民居》）

当只有外环楼而没有内环楼或中堂屋时，土围楼就只有一个圆形或方形的天井。如方形的清晏楼（图 20）和完璧楼均只有外环楼而没有内环楼或中堂屋，所以在这种类型的楼内只有一个圆形或方形的天井。

当土围楼中有内环楼或中堂屋时，土围楼中的结构就发生了变化，而且变化是随着土围楼内建筑的不同而变化的。当土围楼中只有一单开间的中堂屋时，土围楼中可能会出现一个环形或长方形四围的院子。当土围楼中间建有一内环楼或几个内环楼，就会出现一圆形的天井和一个或数个环形或长形四围的院子。如锦江楼就是由两环合围的土围楼和一环开放的围楼构成，故有一圆形天井，一环形院子和一开放的环形院子。

有的土围楼虽也是双环楼，但由于内环与外环楼紧贴，并以隔墙把内环与外环楼分隔为数十个单元，成为单元式的土围楼。因此，这种类型的土围楼的内部结构就会呈现一个圆形的大天井，和数十个扇形或长方形的小天井。例如华安县仙都镇的二宜楼就是如此。其为双环楼，但由于内环与外环楼紧贴，又用隔墙分隔为 14 个单元（包括 3 个门道），所以该楼就有一个圆形的大天井和 14 个略带扇形的小天井（图 21）。

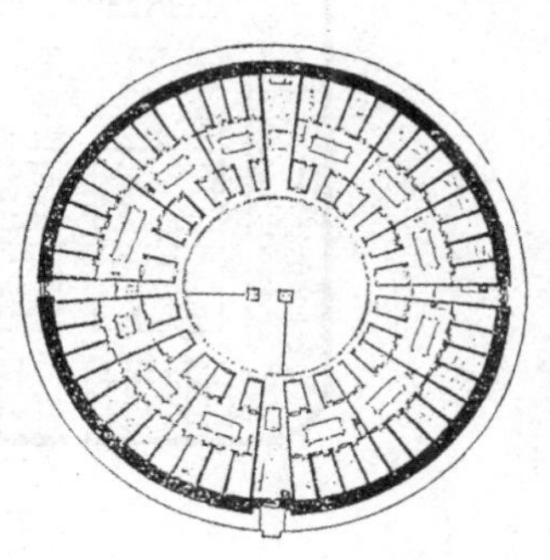

图 21：二宜楼底层平面
（取自《民居瑰宝二宜楼》）

有的单元式土围楼的中间还建有一个或几个小四合院，其内部结构又会发生一些变化。如方形的西爽楼的双环楼分为 76 个单元，其中间又建有 6 座单层四合院。因此，其内部的结构就与上述二宜楼不同，楼内不仅有 82 个小天井，而且还有一四合的长形院子（图 22）。

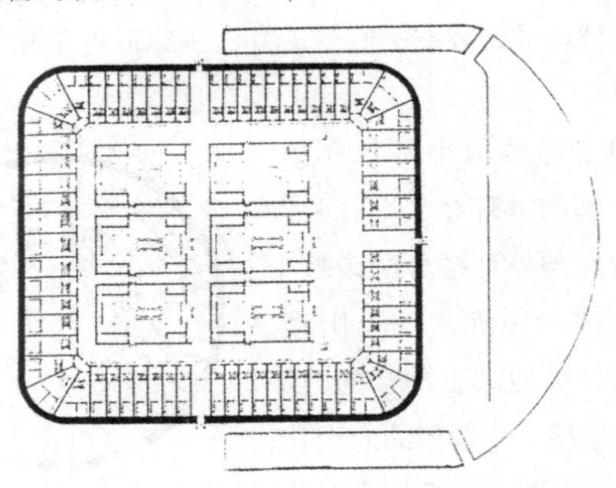

图 22：西爽楼平面（取自《老房子，福建民居》）

在土围楼中间建筑的中堂屋如果是两进的四合院，土围楼的内部结构就可能出现一个四围长形或环形的院子和一个正方或长方或半圆形的小天井。例如永定区下洋镇的荣昌楼为一圆形土围楼，其楼内中间建有一呈圆形的四合院作为中堂屋，同时，由于其四合院的厅堂是以方形四架三间的结构建筑，其外再附设一些圆弧三角形及圆弧长方形的建筑构成，所以该楼的内部结构有一环形的院子和几个长方形的天井（图 23）。又如永定区古竹乡高北村的承启楼是座由四环圆楼构成的土围楼，其中心为环形的单层四合院，其祖堂部分修成方形厅堂，两厢房为圆弧三角形，前厅则为半圆形的回廊，所以，该楼有 3 个环形的狭内院和一个半圆形的天井。

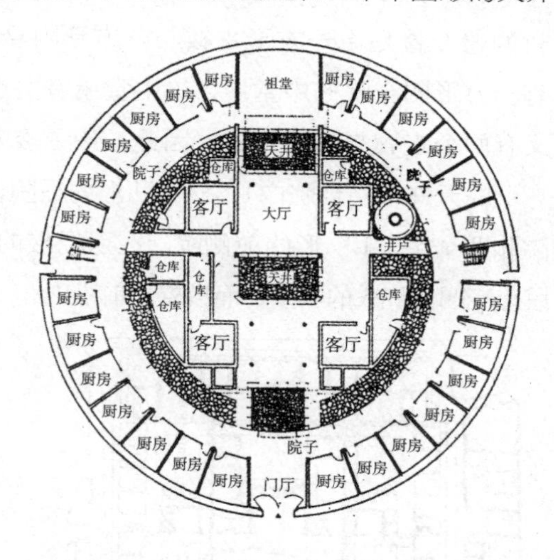

图 23：荣昌楼平面（取自《住房建筑》1987. 3）

在有的土围楼中，由于中堂屋扩大或与外围楼有走廊或隔墙相连，因而把土围楼的内部结构切割得更加多样化。例如永定湖坑镇洪坑村的福裕楼为一四围合闭的五凤楼，其楼内建有单进的二层楼中堂屋以作为全楼的大厅，另外福裕楼的中堂屋与前堂有两道敞走廊相连，中堂楼左右也用房间与敞走廊与横屋相连，中堂楼后的左右又各建一排房子，并与后堂楼有门墙相连，这样分割后，福裕楼的内部就形成了两列 6 个天井，内部结构变得比较复杂（图 24）。又如永定区高陂镇上洋村的遗经楼是由一方形主楼与一方形附楼构成的。在主楼中有一方形四合院的中堂屋，该中堂屋有两道墙与前堂相连，又有两个走廊与横屋相连，因此，该主楼内部形成了一个长方形的天井（四合院内），一个凹形的后院，一个长方形的前院和两个倒“L”形的前侧院。在遗经楼的附楼中，横屋的后段为一四合院式的学堂，而横屋的前段则

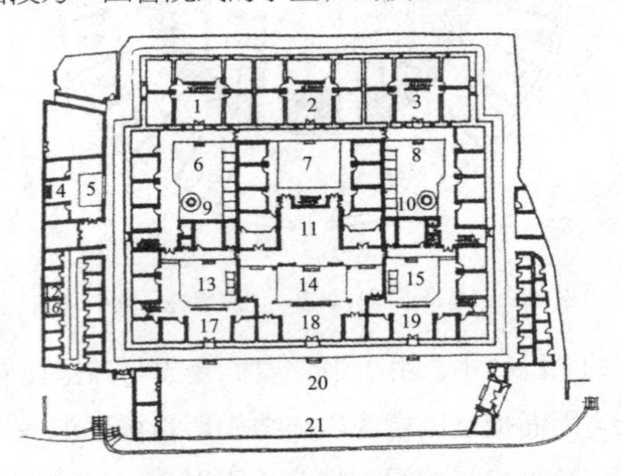

图 24：福裕楼平面（取自《老房子·福建民居》）

1. 厅　2. 厅　3. 厅　4. 厅　5. 天井　6. 天井　7. 天井　8. 天井　9. 水井　10. 水井　11. 大厅　12. 厕所　13. 天井　14. 天井　15. 天井　16. 厕所　17. 厅　18. 门厅　19. 厅　20. 前院　21. 照壁

各是变体四合院的建筑，因此，其内部形成了中间为一“T”形的院子，而在两侧学堂中各有一长方形天井，和在变体四合院中各有一倒“L”形的院子的结构（参见图7）。再如永定区高陂镇大堂脚村的大夫第是座用围墙把前堂、后堂及横屋围起来的五凤楼。其前堂、中堂与后堂连为一体，中有两个天井，前堂与后堂又用敞走廊与两侧横屋相连，中堂也有敞走廊与两横屋相连，因此又在中轴与两横屋之间形成4个小院（参见图1）。

概言之，在土围楼的内部，由于所建的建筑物不同和用隔墙分割的不同，就呈现出多种多样的内部结构来，从而也使土围楼的厅廊、院舍、坪庭、门户配搭得参差错落有致，而显得变化多端。

（四）小巧、别致的中堂屋与厅堂

除了土围楼内部结构多变外，土围楼的中堂屋以及厅堂也有较多的装饰。在单元式土围楼中，除了全楼有一个公用的厅堂外，人们往往还在自家单元中设立厅堂。如华安县仙都镇的二宜楼除了一楼有全楼公用的厅堂外，楼内各单元的小家都把自家的厅堂放在最高一层中。在这种类型的土围楼中，公厅与私厅通常都是装饰的重点，而与其他房间大相径庭，二宜楼一楼的公厅和四楼的私厅就是如此。

二宜楼一楼的公厅和四楼的厅堂的装饰主要表现在梁架上。一楼公厅“架内”的栋架为“三通五瓜”式，而四楼厅堂“架内”的栋架为“二通三瓜式”。在大多数的“栋架”与“排楼”上都有雕琢或绘画。如“架内”“栋架”正脊的前后“束木”，和前后一架、二架之“束木”雕刻为蟠虎吐草形；而这些“束木”之下的“束随”则雕刻为卷草纹。在“栋架”的各梁架上，还彩绘有各种山水人物图画。其次，一楼公厅和四楼厅堂的“步口”均为卷棚式的。每个“步口”栋架各有两“狮座”与一八字形“束木”，“束随”也是卷草或卷云形，“狮座”则雕为鳄鱼、鸳鸯等形状，并饰以金箔，步口“梁架”上还有斗拱伸出，并绘有山水人物图画。其三，一楼祖堂和四楼厅堂的“排楼”面也相仿，步口的檐柱由檐枋连接，架内前点金柱则由楣枋、檐枋、檐枋垫板三者连接，后点金柱由一楣枋与一檐枋连接。在四楼厅堂“排楼”面最下面的楣枋上，都贴金雕刻着山水人物图画，前点金柱上的楣枋还装饰有透雕的“雀替”。其四，在“架内”的栋架斗拱下还悬空吊着四个垂莲“吊筒”。其五，二宜楼的公厅与私厅堂，都用黑、红色的油漆油饰过，有些部分还彩绘图画，有的地方如“狮座”、楣枋则施以金箔。由于四楼的厅堂通常是作为庆寿、婚礼等喜庆仪式的场所，而一楼的公厅多用于丧礼等悲哀的仪式，所以，四楼的厅堂装饰得比一楼的公厅更加富丽堂皇、美轮美奂。

在客家人那种通廊式的土围楼中，有的往往在楼中建有中堂屋。这些中堂屋多当作客厅使用，因为客家人的祖先牌位多放置于祠堂中，所以，居住之处多没有祖堂。例如永定抚市镇抚市村的永隆昌楼有供喜庆宴聚和年节祭祀用的正厅两个，供神的神厅 3 个，院厅 33 个，就是没有供奉祖先牌位的祖堂。不过，也有少数居住在闽南地区边缘地带的客家人，受闽南人的影响，因而在土围楼中设立有祖堂。

土围楼中的中堂屋往往装饰得比较精致，与外环楼朴素无华的作风相反。在一些方形土围楼中，它常是一座四架三间结构的小四合院；而在圆形土围楼中，它常是一座圆形的小四合院。这种中堂屋，绝大多数是平房建筑，但也有人把此中堂屋修成楼房的。例如永定区湖坑镇洪坑村的振成楼就是一个很好的例子。

振成楼的中堂屋十分别致，它是个内环楼，其中轴线上正对大门的一间是为大厅，可放置 16 张八仙桌，相当宽大。大厅坐北朝南，虽是单层，但它的四坡单檐攒尖顶却高出与其相连的二层楼的环楼。该大厅为敞厅，前立有 4 根高约 7 米的爱奥尼亚式柱子，下有用釉陶制的宝瓶做成的遮栏，显得十分洋气。大厅的石柱上镌刻着对联及建楼始末，其对联曰："振乃家声好就孝弟一边去做，成些事业端从勤俭二字得来"，反映了楼主人的主张。边款上记曰："先君仁山公拟建斯楼，未偿夙愿，民国纪元春，秀生、莲生、云敖等筹兴土木，嘱超总其事，以竟前人之志，经营五穗，幸藉先德及诸昆仲毅力克底于成，爰缀数语以自励，并励后人云。民国六年五月，鸿超谨撰并书"，简单记述了该楼建设的过程。大厅的后墙正中有一幅书法中堂，上写："言法行则，福果善根"，体现了楼主人对佛教的虔诚。其上有民国十一年大总统黎元洪所题的"承基衍庆"之匾额，旁有"从来人品恭能寿，自古文章正乃奇"的对联。大厅后墙开有两个拱形门，与外环楼一层的神厅有敞走廊相通，左门上有"大总统褒题：林苏氏：志浩行芳"匾额；右门上则有"大总统褒题：林在亭：里党观型"匾额。大厅的两侧壁也有拱形门与相连的内环楼相通。左侧门上有"大总统褒题：林仲山：义行可风"匾；右侧门上也有一匾，上曰：“大总统褒题：林仁山：义声载道”。这些体现了作为国会议员的楼主人有着非同一般的身份。另外，在左侧墙上有“春托风生兰知领先，静无人至竹亦欣然”的对联和书法条幅；而在右侧墙上也有“带经耕绿野，爱竹啸名园”的对联和书法条幅，又体现楼主人有蛰居山林的风雅。此外，天井中还筑了几个八角形的花盆，种了一些花与盆景，形成一个小花园。

与大厅相连的环楼均为二层楼，它与大厅一起构成一环形的“四合院”。环楼的楼上、楼下均有内向的敞回廊。楼上的回廊用生铁铸成的格花栏杆做遮栏，这是楼主人特意在上海定做，并通过海运、水运，以及人力翻山越岭搬运，千里迢迢运来装饰该楼的。该楼南部与大厅相对的楼下为门楼，有走廊与外环楼的大门相通。另外，左右两边还各有一间作为门楼，通过走廊可与外环楼的两个边门相连。内环楼的所有房间都用作客厅，其向走廊一面的内隔墙全用上部为透雕格窗的隔扇构成，虽没有贴金与油饰，但与大多数土围楼的中堂屋相比，称得上是装饰得相当考究与别致的。

这个精心装饰的中堂屋是振成楼活动的中心，在这里，主人招待客人，举行婚丧仪式，举办喜庆与节日宴会。同时，大厅也可以用来演戏，这时，楼下的回廊与天井就是看戏的看台，而围着大厅的环楼楼上的回廊，则是看戏的雅座与包厢。

（五）显露风雅的楼匾、楹联

土围楼的装饰还表现在楼匾及楼内外的匾额、楹联上。这些匾额、楹联所表达的含义，体现了楼主人的愿望以及身份、地位等。在土围楼之乡，几乎每一座土围楼都有楼名匾，上写着楼名。起楼名时，多采用一些吉祥如意的词汇。如齐云楼、荣昌楼、顺源楼、福裕楼、丰恒楼、振福楼、振成楼、崇兴楼、顺裕楼、永康楼、丰作阙宁楼、永隆昌楼、长源楼、日升楼、龙德楼、和贵楼、锦江楼、承启楼、振兴楼、永固楼、庆福楼、奎聚楼、裕兴楼、裕德楼等，反映了楼主人的希望。有的也有显示门第的寓意，如大夫第、中书第或××第，表明该楼出过有功名的人。有的楼名则有一些比较特别的含义，如漳浦县湖西镇赵家堡的“完璧楼”是取完璧归赵之意，隐喻该楼能保护赵氏家人平安和延续下去。又如华安县仙都镇大地村的二宜楼取宜家宜室，宜山宜水，宜内宜外之意，隐喻居此楼的人能与环境和谐，平安顺利而发达、发展。此外，该楼北门勒“拱辰”以志北斗，南门则勒“挹薰”以接南风，也表明楼主人为诗书人家。再如永定区湖坑镇南中村的环极楼是取圆满至极的意思，因为环即圆。复如漳浦县旧镇的清晏楼和晏海楼都取河清海晏、国泰民安之意，表达楼主人的希冀。而漳浦县深土镇的万安楼则取子孙万代安居之意。

由于土围楼多为某位有钱人独资所建，在古代及民国时期，这些有钱人不是商人，就是官宦人家，因此，除了楼名门匾外，有许多土围楼还装饰有门联、柱联和匾额，以显露楼主人的风雅。例如闽南地区漳浦县的晏海楼建于明代万历十三年，是由旧镇乌石浯江林氏北房的林楚出资兴建的。现虽只剩下一个门楼，但其大门上阴刻的门联还清晰可见。其曰：“浯江活水来朝，壮千年宝界；海云名山做主，保万代安居”，反映了晏海楼楼主人同乌石浯江林氏的关系，以及希望占据了好风水后，能子孙万代富贵荣华的意识。又如二宜楼不仅有楼名匾，其内也有对联。其一曰：“倚杯石而为屏，四峰拱峙集邃阁；对龟山以作案，二水潆洄萃高楼”。另一曰：“派承三径裕后光前开大地，瑞献九龙山明水秀庆二宜”。形象地描述了该楼周围的环境，反映了家族的历史，同时也表达了该楼居民希望兴旺发达的愿望。

在客家地区的一些土围楼也是如此。如永定区湖坑乡洪坑镇的福裕楼是座方形五凤楼，它建于清代光绪八年，是由垄断烟刀生意而发财的楼主人林上坚用了至少 10 万大洋建成的。该楼除大门上有楼名匾外，两个边门上也有匾额，上曰："常棣"、"花萼"，以雅致的词句，表达了楼主人希望生意兴隆、长久不衰的企求。该楼的外大门上也有一"昭兹来许"的匾额，外大门框上还阴刻着"安堵岂云高百尺，爱庐惟幸阔三丐"的门联，表达了楼主人建此大楼后，有踌躇满志的心情。在该楼的前厅中，也高悬着一块"树德务滋"匾，警示楼主人发达后，应多做善事。同村的振成楼也是一座精心构建的土围楼，除了上节所述其中堂屋里有不少名人题匾和对联外，在后厅还有"振作那有闲时，少时、壮时、老年时，时时须努力；成些原非易事，家事、国事、天下事，事事要关心"的长联；在神厅中则有"振刷精神，功参沙谛；成就福德，果正菩提"对联等。所有这些联句都充分地显示了楼主人的希望、抱负以及生活情趣。

在湖坑镇下南溪村溪边的振福楼，是在上海从事永定烟丝生意的商人苏振太于 1911 年独自出资 3 万大洋兴建的。该楼装饰的对联与匾额的内容与其商人的身份十分配合。在该楼围墙的大门上有“凤起丹山秀，蛟腾碧水环”的对联和“眉山”的横匾，道出该楼所处背山临溪的真实景观，并表明该楼是个风水胜地，以及喻示楼主人姓苏。在主楼的大门边安放着两只面面相对的守门狮，门框上刻着“振衣千仞，福履万年”的门联和“景星庆云”的横批，其上则是“振福楼”的门匾，反映了作为商人的楼主人希望财运亨通的愿望。进了外环楼，在内环楼的大门上刻着楼主人女婿、国会议员林鸿超所撰写的隶书横匾“玉润”，表达了赠匾人的良好祝愿。而在内厅雕刻精致的花岗岩石柱上则雕刻着“振声金玉集，福泽海天宽”的对联，也恰如其分地体现了作为商人的楼主人身份和希望。

有的土围楼的主人原也是商人，但由于用钱捐了官，其土围楼中对联的风味又有些不同。例如永隆昌楼的楼主人原也是商人，后因在湖南经商时资助湘军大量军饷，故曾国藩、左宗棠等奏请皇帝给他封了官。因此，他们所建的永隆昌楼，不仅飞檐起翘，大门口安置高与人齐的守门狮子，而且楼内的对联也不同凡响，如：

1. 山水时流观德性，玉珠辉媚见文情。

2. 四山高拱金屏现，一水长流玉带环。

3. 申命自天钟气淑，寅宾出日迓祥光。

4. 折矩周规仪可象，出风入雅国之光。

5. 素位而行君子顾，百祥皆降善人居。

6. 门迎渠水清而活，户挹和风乐且湛。

7. 清景无边新物色，溪流不舍悟天机。

8. 风月宜人堪宴想，图书伴我任藏修。

9. 为留屋角三弓地，添莳阶前一碗兰。

10. 一室芝兰薰瑞气，满庭槐桂蔼春风。

11. 卜宅先惟邻是卜，闲家常以德为闲。

12. 存心宅训真安宅，尚志居仁即广居。

13. 变而通之以尽利，行有考也然后成。

14. 花萼相辉歌式好，箕裘克绍衍长祥。

15. 日异月恒歌炽壳，竹苞松茂咏斯干。

显然，这些对联另有一种风味，除了“变而通之以尽利”的联句透露出楼主人由商人起家的背景外，其余的联句表达的意涵则有浓郁的书卷气，以显现楼主人的身份已发生变化，今非昔比了。

五　小面积获得的大居住空间

土围楼主要分布在两个地带，一是闽南沿海地带；一是闽西南和粤东的山区中，后者溪谷纵横，平坝较少而且偏狭，溪谷两边耸立着层层山峦，溪谷中湿气较大，而且不容易散发，这种平地少且狭窄的自然环境是该地带土围楼产生的主要因素之一。换言之，土围楼是适应这种自然环境的一种最佳的建筑形式。

（一）土围楼的优点

1. 小面积获得大居住空间

土围楼的一个最显著的特点就是：在相对较小的面积中，可以获得较多的居住空间。例如泉州市江南镇亭店村的杨阿苗宅，是旅菲华侨杨嘉种在清代光绪年间用了 13 年时间建造成的。它由中轴对称的两进四合院与两侧的护厝组成，单层平屋。全宅占地 1 200 多平方米，有包括 5 个门厅在内的 8 个厅与 29 个房间，共计 37 间。而坐落在永定区下洋镇中川村的“富紫楼”，为一长方形二层土围楼，它长 51.85 米，宽 20 米，总占地面积只有 1 037 平方米，却有着 76 间房，比泉州杨阿苗宅占地少 200 多平方米，房间却多出一倍多。换言之，如果富紫楼是单层的平房，其 76 间房结构的建筑占地就得加倍，可能需要 2 400 平方米的面积。

又如漳浦县湖西镇赵家堡的“官厅”为 5 座并排的“府第”大厝构成。每座“府第”均有 5 进深，前 4 进为平房，只是最后一进为二层楼，是内眷的住所，俗称梳妆楼。每座“府第”的面宽 19 米，长 67.4 米。每座“府第”有 30 间房间与厅堂，合起来共有 150 间，占地达 7 263 平方米。而永定区抚市镇社前村的新永隆昌楼，占地略大于赵家堡的“官厅”，大约为 7 700 平方米，但由于它有四层，共有 400 多间房间与厅堂。如果把它改为平屋，该建筑物的占地面积就要达 30 800 平方米。实际上，在山区溪谷地带土围楼分布密集的地区是很难找到如此大块的平地来建筑这种占地广阔的庞大平房建筑的，因为这样庞大的平屋建筑必须与宽广与空旷的平地才能配合，才合乎“风水”。当年建新永隆昌楼时，是在老楼旁边建造的，老楼之地已近溪边，所以建造新永隆昌楼时就在溪边筑堤填坝，以扩大建楼的用地，仅此就花了好多年时间，以至该楼建了28年。这也表明在山区溪谷地带土围楼密集分布的地区确实没有许多开阔的平坦之地，可以建造那种占地三四万平方米的巨型平房建筑。

换言之，山区溪谷地带土围楼分布密集的地区，主要是博平岭山区和广东莲花山的末端。其南部、东南部就是漳州平原和广东韩江平原，其地势是山区向平原的过渡，溪谷纵横，溪流的落差较大。溪谷两边的山峦高耸、陡峭，这导致溪谷间的平地很少，因此平坝中的耕地也极少，较多的是山坳中“自流水”的梯田。同时由于这里山高水冷，因山峦落差大，日照时间也相对较少，因而梯田多只能种单季，而平坝中的田地则可以种双季，其价值大大超过梯田，所以平坝中的田地非常宝贵。如果在这样的环境中都以大块大块的土地来建造这种庞大的平房，这无疑需占用大量的平地及好的耕地，不仅是一种极大的浪费，而且甚至断绝了今后生存的后路。为了生存，在这种地区是不可能以大量的平地来建筑那种只有占地大才能获得大量居住空间的建筑。因此，在这种自然环境中，也只有土围楼才具备占地小而可以获得较多居住空间的功能。这是土围楼的最大的优点之一。

2. 材料简单、造价便宜

土围楼的另一个优点是以便宜、简单的材料能建造出坚固耐用的高大楼房来。土围楼墙体构成大体有：(1) 纯夯土墙；(2) 纯三合土墙；(3) 外石墙内土墙；(4) 下石条脚上土墙；(5) 下河卵石脚上土墙；(6) 内河卵石墙外三合土墙；(7) 外石脚和夯土墙，内土角墙或石墙等。不管构成形式怎么多样，建造土围楼的材料还是很简单的，也就是说，泥土、石块、沙子、木料、竹子、石灰、青瓦、青砖、土纸浆就是建造土围楼的全部材料。在这些材料中，石灰、青瓦、青砖、土纸浆需要购买，因为这些材料的制作需要比较专门的技术与专业化知识，不是每个人都可以做到的。不过，其余都可以自己动手获取。因为，挖取泥土、沙子，捡石块，伐木，伐竹主要是力气活，对有劳动力的人家来说，这可以自己负担。只是由于一个家庭的成员不可能太多，要备齐众多的泥土、石块、木料，就需要有较长期的时间，但如果这样做，却可以节省不少金钱。所以，土围楼的造价要比全用砖头、石条或钢筋混凝土建造起来的大楼相对便宜一些。

3. 坚固耐用，抗震性强

用这些简单的材料，通过技术娴熟、经验丰富的工匠之手筑起的土围楼，还有一大优点，这就是坚固耐用，抗震性强。三四层楼高的土围楼的底墙至少也有1米厚，其上逐步内收；有的甚至厚达到2.5米厚。如华安县仙都镇的二宜楼的墙基宽3米多，底墙厚2.5米。就是该楼的第三层楼墙也厚1.8米左右，因此，该楼的第四层楼以0.8米的土墙作为屋顶的承重，还留下了1米左右的内侧土墙作为楼板的支承和修一条环形通道，以便防御。其次，在夯筑土墙时，每高一定距离，就在土墙内放有杉木、老竹片等作为墙骨，这些墙骨起着把负重力平均分散的作用。普通的夯土墙有的也夹一些碎瓦片、碎瓷片夯筑于内；而用三合土湿夯时，土墙中都会加入石块、石片等夯实为一体，所以这类夯土墙非常坚固。

据说当年永定区湖坑镇奥杳黄屋在建裕兴楼时，楼主人华侨黄庚申先生亲自督工。在“行墙”时，他用铁钉钉墙，如发现墙体能钉进钉子，就认为墙体不够坚硬，马上叫工匠打掉重新夯过。因此，该楼的土墙特别坚固，远近闻名[①]。有的三合土夯土墙甚至比钢筋混凝土墙还要坚硬，不仅铁钉钉不进去，就是用炸药炸也很难撼动。漳浦县深土镇的瑞安楼早已荒废，只剩下一圆形的光秃秃的三合土墙体。人民公社时期，为了拆土围楼的墙基石去修建水利工程，用了 84 斤炸药去炸这废旧的三合土墙，结果土墙岿然不动，只被炸开两个墙洞，附近有的平房却让爆炸的冲击波给震倒，有的平房则被飞起的三合土块砸破了瓦顶。1936 年，国民党军队围攻云霄县和平乡的聚星楼，用迫击炮连轰了 30 多发炮弹，才打出 3 个小洞[②]。有人曾用钢钎去拆三合土夯筑的老墙，结果凿下去是一凿一个白点。要拆这类土墙，只能像开炮眼一样地从上至下一小块一小块地慢慢蚕食，这要花费许多时间才能拆除。例如永定区湖雷镇的馥馨楼的主人为了在三合土墙上开一个后门，先用开山锄挖，结果锄嘴倒卷，墙面只起白点，后请了石匠，用钢钎一小块一小块地凿了 16 天才开成一个单扇的小门。夯土墙之坚固，由此可见一斑。夯土墙坚固，而

---

① 江千里：《永定金丰的楼寨》，《新嘉坡南洋客属总会成立六十周年纪念特刊》，第 417 页。

② 郑文彬：《福建圆楼》，《化石》1991 年 1 期，第 3 页。

其又是四合为一体，或干脆制成圆筒状，因此其抗震能力较强。云霄县和平乡的树滋楼建于清代乾隆五十四年（1789年），其楼高三层，直径50米，底层外墙用花岗岩条石砌成，厚2米，二三层外墙为三合土夯筑，该三合土为特殊配方的三合土，由含砂的风化土，加石灰，并用红糖水、糯米浆拌和后夯筑而成，极其坚硬。1918年，广东南澳发生7.25级地震，该楼离震中只有60公里，却没有大伤，只是楼北面顶部三合土墙上裂了一小缝，而其他类型的房屋却倒了不少。永定区湖坑镇的环极楼建于康熙三十二年（1693），是一座规模宏大、气派壮观的圆形土围楼，它的底墙厚1.7米，四楼墙厚0.9米，墙高15.28米，连瓦顶高约20米，直径43.20米，周长130米。1918年2月13日当地发生大地震，时间有十几分钟，据说附近田里的泥浆水喷起几丈高，楼顶的瓦片几乎全被震落成碎片，大门附近的墙体被震得裂开了一约40～50厘米的大口，但地震过后，由于圆形土围楼的向心力和架构的牵引作用，这个裂口又慢慢地愈合，只剩下一条细长的裂痕，整个楼体安然无恙，巍然屹立。所有这些都说明土围楼的坚固，也说明其有较好的抗震能力，也因此，现在土围楼之乡留下的土围楼，多数都有几百年的历史。

4. 通风条件好，居住干燥舒服

土围楼密集分布的地区，溪谷纵横，溪谷中平地与山峦的落差大，与平原和山区高地相比，相对要潮湿一些，因此，这里的雾气相对也多些。清晨，在这样的山区中常可以看到一些雾气漂浮在溪谷中，把村落或土围楼遮掩得隐隐约约。在夏天，溪谷中比较闷热，而爬到高处，由于较通风而相对凉快一些。因此，在这个地区溪谷里的平房房间中，人们常常以架空的木板铺设地板，以避免直接接触地面的潮气。然而，这个地区的土围楼，却能使人相对减少潮湿的危害。土围楼一般都高三层以上，最高的有的达五层半。楼下一般都作为厨房与饭堂，二层楼多作为仓库，多数的土围楼三层以上才是人们的卧室。

一层楼的厨房由于一日三餐都要烧火，所以相对干燥些。烧火形成的烟雾，大部分随烟道排到土墙外，顺着土墙上升。实际这些烟雾也帮助土墙不受潮气的侵蚀。小部分烟雾则在厨房中弥漫，并透过有些缝隙的楼板，飘到二楼，使仓库里的谷子等收藏物品受到烟熏。这一方面能使仓库里的东西始终保持干燥，同时烟雾又可以驱虫，使仓库里的东西不会或极少生虫。而在三楼以上，由于较高，受风自然较多，又由于卧室的内外墙都有窗户，对流较好，甚至有时会形成穿堂风，因此卧室里相对比较干燥与凉爽，居住起来比起平屋要舒服得多，所以比平房更能抵御潮气的侵蚀。另外，土围楼的土墙传导慢，阳光照射在土墙上，先会散发开来，再慢慢地往内渗透，由于传导慢这一特点，因此夯土墙夏天能隔热，冬天能保温。此外，土围楼四围闭合，除了三楼的窗户外，风主要从屋顶流入，进了土围楼后，会在楼中回荡，因此，夏季土围楼中来风较多而凉爽，冬季北风在楼中回荡后也比直吹感到温和，所以居住起来冬暖夏凉，比较舒适。

5. 固若金汤的防御堡垒

土围楼的墙体高大、坚固，上层的窗口可作为枪眼，进出多只有一个门，而且土围楼中都开有水井，有粮仓，以及日常生活必需的各种设施，大门一关，里面是一个独立的应有尽有的小天地，被土匪围堵一两个月，人们在土围楼里照旧生活得有序与安静，可以基本不受影响，所以它易守难攻，是一个坚固的防御堡垒。例如 1944 年，国民党军队第十师第五十六团在永定区湖坑镇奥杳村，把十多位起义者围在裕兴楼中。国民党军队的火力厉害，但围了数日却无法攻进去，就用平射炮轰击。原来以为能恃大炮的轰击破楼，谁知打了

19 发炮弹后，楼墙仍未倒塌，（事后观察，炮弹只在楼墙上钻出几个外小内大的窟窿，毁不了楼墙）。国民党军队无法，只好长期围困，最后起义者趁大雨之夜国民党军队疏于防范，从窗户缒墙逃脱。还有，土地革命时期，红军永定独立团和农民赤卫队曾占据遗经楼抗击张贞部队和民团的“围剿”，由于楼中米、水、柴不缺，所以在该楼中坚守了几个月，民团曾用炸药去炸遗经楼的大门，一连炸了 3 次，大门边上才崩塌一角，由此足见遗经楼的坚固程度。1928 年大革命失败时期，永定区农民举行起义，有一次他们 3 000 多人把数十个民团围在大陂头村的一座圆形土围楼中，经过半个月的激战，想尽各种各样办法，如烧门、挖墙脚等都无法攻进去，最后由于民团缺乏粮食，才趁农民军夜间围困的疏忽，由窗口缒墙逃走①。由此看来，土围楼易守难攻，而且，建造每一座土围楼，也尽量地用各种办法来加强其防御功能，并能自成一系统，对于此，我们将在下一章中详细介绍。

---

① 江千里：《永定金丰的楼寨》，《新嘉坡南洋客属总会成立六十周年纪念特刊》，第 417 页。

（二）圆形土围楼优于方形土围楼

在各种各样的土围楼当中，上述的优点是共同的。但是当把方形土围楼与圆形土围楼进行比较，圆形的土围楼比方形的土围楼又增加了一些优点。根据黄汉民先生的研究，圆形土围楼优于方形土围楼处有如下几点：

1. 节省建筑材料

土围楼的外部是由夯土墙体承重，内部则多由木结构承重。圆形土围楼的房间呈扇形，由于外弧较长，内弧相对较短，因此其两根柱子之间的横梁要短于方形土围楼，所以同样面积的扇形房间比矩形房间要节省木料。另外，由于圆形土围楼消灭了角房间，可以节省一根对角横梁，所以，圆形土围楼比方形土围楼更加节省木料。

2. 可以平等分配

人们常说“圆不会亏待哪一方”，圆形的重要属性之一是可以平均分割。圆形土围楼分割出来的开间比较平均，与方形土围楼相比，房间的朝向好坏差别不是很明显；同时它不存在方形土围楼所具有的那种又暗又潮又吵的角间，所以当家族中分配房间时，易于平均分配，不会因分到不好的房间而引起吵闹。因此，相比之下，圆形土围楼更有利于家族内部的团结。

3. 构件尺寸可统一

由于圆形土围楼开间分配平等，所以构件可以统一。因此，只要间数确定后，木匠就能很快地计算出各种梁、柱、枋、檩构件的尺寸，以及整个圆形土围楼的总木料用量。而方形土围楼有时正方形，有时长方形，一般的开间与角间不同，开间中又有厅与大小房的不同，因此，梁、柱、枋等构件的尺寸要分好几种，计算起来相对麻烦一些。

4. 没有角间

在方形土围楼的四角各有一角间，这种房间光线暗，通风条件也差，而且其旁边往往是楼梯，上下楼的人多，噪音干扰较大，所以这种房间不太受人欢迎。然而圆形土围楼由于开间分配平均，没有类似方形土围楼的这种四角，所以也就没有这种不受人欢迎的角间。

5. 内院空间大

众所周知，同样长的线段所围出来的圆面积和方面积是不一样的。同一长度线段围合出来的圆面积要大于方形面积，它通常是方形面积的 1.273 倍。因而建造一座周长与一方形土围楼相同的圆形土围楼，可以得到比该方形土围楼更大的内院空间，能更有效地利用土地面积。所以，相同周长的圆形土围楼的内院，要比方形土围楼的大。

6. 屋顶施工简便

圆形土围楼的屋顶通常都比方形土围楼要简化一些，圆形土围楼的人字形两坡屋顶只有一条脊，屋顶的高度一致，都是悬山式的，而且也无法搞出什么花样。方形土围楼虽也有单脊悬山式、屋顶高度一致的，但也有不少方形土围楼屋顶的高度并不一致，而且是多脊的，如有的形式的五凤楼或方形土围楼有 8 条以上的主脊，前后堂屋顶与横屋前段屋顶是单檐歇山式的（九脊顶），横屋后段才是两坡的悬山式或单檐悬山式，并多有起翘的燕尾；有的方形土围楼则有 4 条脊，而且前堂与后堂的屋顶多是单檐歇山式，屋脊两端还有燕尾，它们都比圆形土围楼的屋顶复杂。所以圆形土围楼的屋顶要比方形土围楼简单了许多。屋顶简单，装饰不多甚至没有装饰，施工也相对要简便一些。因此，圆形土围楼的屋顶容易施工。

7. 对风的阻力较小

根据民间的说法，自然环境中到处有“煞气”，路有路煞，溪有溪煞，山口有凹煞，这些“煞气”对方形的建筑最为不利。这是因为方形土围楼有4个角和4条边，其某一边或某一个角总会对着路、溪流或山口而碰上所谓的“煞气”，也就是民间所说的“犯冲”。因此，许多方形土围楼都会在“犯冲”的地方，安置诸如“泰山石敢当”或狮面“吞口”等镇邪物来制煞。由于圆形土围楼没有角，据民间的说法，“煞气”在墙上搁不住，会滑走。所以，民间也有用把“犯冲”的楼角抹圆的方法来避开“煞气”的做法。例如南靖县船场镇的沟尾楼，就是一个很典型的例子。由于该楼紧靠路边，因怕“煞气”冲犯，所以把其方形土围楼的两个角抹成圆角来驱避。由于人们对风水的笃信，为了避开“煞气”，人们认为靠山边的地方，宜建造方形土围楼，因为在那里“煞气”要相对少些，而在平坝地段，宜建圆形土围楼，因为那里的“煞气”多，也只有圆形土围楼可以承受得了。这也是人们为什么要建造圆形土围楼的原因之一。

但如果我们抛开迷信的因素，把“煞气”理解为山区的风，就可以明显地看到，由于小路上、小溪中、山凹处比较空旷，没有什么东西可以阻拦，因此这些地方的风要相对大些，所以正对这些地方的墙体或墙角受承受的风的冲击与压力要相应大些和多些，也容易受风力的影响而损坏。而圆形土围楼的墙体圆滑，由这些地方来的风也容易滑过，所以其所受的损害要小于方形土围楼。也就是说，圆形土围楼对风的阻力要比方形土围楼小，因此风对圆形土围楼内的居室的影响也较小，居住其内的人也比较不会因此而得病，按民间的说法是不容易“中邪”。所以，圆形土围楼在抗风方面也比方形土围楼强。

8. 比方形土围楼有更强的抗震能力

从抗震的角度看，虽然圆形的土围楼与方形土围楼都具有很好的抗震能力，但是，由于圆形的土围楼没有墙角，能更加均匀地传递水平地震力，因此，相比之下，在高度相同，墙体厚度相同，圆形土围楼的直径与方形土围楼的边长相等的条件下，无疑圆形土围楼比方形土围楼具有更强的抗震能力。换言之，圆形土围楼的抗震能力要比方形土围楼的更强。

六　自成一体的防御系统

在我国传统民居中，许多都具有一定的防卫手段，但尤以土围楼所设置的防卫手段最多，因此，土围楼是防卫性最强的民居之一。为什么会如此，这和产生土围楼年代的社会环境有一定的关系。换言之，虽然在土围楼密集分布的山区溪谷地区，有些有钱人想建大厝来炫耀其财富，但却因平地狭窄，而不得不以建大楼房的形式来表现，而且，在当时的内忧外患下，又不得不强化楼房的防御功能，从而使土围楼逐渐成为堡垒式的建筑。

（一）特殊的社会环境导致建造土围楼加强防御

建造土围楼最盛的时代是明代末年到清代初年。明末倭寇、盗匪横行，所以闽南许多地区都建土堡、土围楼来加以防范。明代万历元年（1573）修的《漳州府志》卷七《兵防志·土堡》条云："漳州土堡旧时尚少，惟巡检司及人烟辏集去处设有土城。嘉靖四十等年（1561）以来，各处盗贼生发，民间团筑土围、土楼日众，沿海地方尤多。具列于后：龙溪县土城二，土楼十八，土围六，土寨一。漳浦县巡检司土城五，土堡十五。诏安县巡检司土城三，土堡二。海澄县巡检司土城三，土堡九，土楼三"。该府志的卷十四《龙溪县·兵防志·土堡》条也记载了该县里的一些土堡与土围楼的名称和分布的地点，如"福河土城（在十一都）；天宝土楼，塔尾土楼，墨场土楼，山尾土楼（俱二十一都）；埔尾土楼，丰山土楼，汰内西坑土楼，上坪土楼，归德上村土楼，华封土楼，狮陂土楼，宜招土楼（俱二十五都）；坂上土楼，埔尾土楼，马歧土楼（俱二十六都）；官埭土楼，东洲土楼，玉州土楼，流传土围（俱二十八都）；石美土楼，白石土楼，新埭土楼，梁齐土楼（俱二十九、三十都）"。

漳浦县的情况大体也一样，根据赵家堡的赵氏族谱记载，赵氏原"居积美滨海，苦盗患"，"遭剧寇凌侮"，才"决意卜庐入山"，迁到湖西这里的山里来，并"辟草莱建楼筑堡居焉”，完璧“楼建于万历庚子（1600），堡建于（万历）甲辰（1604），暨诸宅第经营就绪，拮据垂二十年”。还有，根据一些楼匾，我们知道，位于漳浦县绥安镇马坑村的一德楼（方形）建于嘉靖三十七年（1558），霞美镇刘坂村的贻燕楼（方形）建于嘉靖三十九年（1560）。

华安县也如此，上述龙溪县二十五都即后来的华安县，该县沙建镇上坪村保留了3座明代建造的土围楼，其中齐云楼按族谱的记载，是当地郭姓于“明洪武四年大造”，其门匾还镌刻“大明万历十八年（1590），大清同治丁卯年（1867）吉旦”重修。升平楼门楣上的石匾的题刻也表明它建造于万历二十九年（1601），另外一座明代土围楼则建造于万历三十一年（1603）。此外，华安县仙都镇的二宜楼虽建于清代康熙年，但据楼内的居民蒋姓家的族谱记载，其开基始祖蒋景容原居海澄，嘉靖四十四年因倭寇的骚扰，才从海澄县鹅养山迁到华安县仙都镇大地村肇基。此外，在华安县高车乡济安楼还保存了一份明末崇祯年间的防御会盟书，记述了该楼居民如何同仇敌忾地为防盗匪而组织起来的情况。该书云：

本社同立约人家长童鄂轩、参云、翌韧、怀陆、灿斗、中在、钦所、乡长郑心华、魏碧员、占振子等为约柬本楼以防寇盗事：

兹因流劫弗戢剽掠，乡、都思所以防御之术，而恐人心不一，乃集众共推震升为楼长，又推若彩、三郎、愚仲为楼副。又推二人生员大乙、估思或有公务当官者，谊应出身共理。凡造作固守之事，听长、副处置科派，各宜同心协力，不许推托。其长副等当秉公朝暮勤谨约束，不许徇私；如众等若有恃顽不听约束者，公议罚硝二斤，大大则鸣锣公革，送官究治。各愿会盟，就此本月二十日恭请本庵明神为证，此后同心协力者，神其佑之，违者神其殛之，为是盟也，以壮众情云。

岁崇祯十七年甲申正月谷旦立，震升书

所有这些都说明明代晚期漳州地区内外交患，社会较乱，所以人们纷纷组织起来自我防卫；另一方面，也说明明代晚期，漳州地区就是为了防乱，才建起了那么多土围楼。

在土围楼密集分布的永定区，情况也类似。自明代以来，内患不断。据《永定县志》记载，天顺六年，李宗政等聚众劫掠乡村。成化十三年，溪南里人钟三、黎仲端等，啸聚劫掠，巡按御史载用剿之勿克。嘉靖二十七年，大埔小靖贼传大满、谢相寇县，典史莫住追击之。嘉靖三十七年，流寇千余人劫掠湖雷。是时闽苦倭寇山贼，乘乱而起，汀赣惠潮间莫非盗窟。又大埔铲坑贼温祖源、刘元球等五百余人劫县，至城南外夜杀三十余人，与上杭三图贼张四满等声势相依。嘉靖四十年，上杭李占春倡乱，溪南饶表、萧碧，太平黄九、叶游仙等应之，放火劫掠，杀万余人。嘉靖四十二年，饶平贼罗袍五千余人，由箭竹凹实至，杀城外及乡落男妇七百余人。罗袍大埔沐教人，率大埔听招各贼，与饶平巨寇张琏相犄角。秋，饶贼李亚甫、薛封劫掠金丰。崇祯十年，流寇陈缺嘴由南靖入永定界，署道潘融春、知府唐世涵、知县徐承烈、巡检倪思震率民剿之，四月罢兵。崇祯十七年，流寇数千围大埔不逞，遂从金丰至永定城下，放火焚东门桥及东南城外房屋。翌年，饶平贼陈嵩、邱缙统数千劫县不克遁去。弘光隆武二年，程乡贼张大祥数千人袭破县城，杀人无算，掳去妇女千余人。顺治五年十月，大埔贼江龙率万余人攻永定城凡三阅月。顺治十四年，金丰里岩背村民罗郎、子温丹初聚家掳掠男妇，挖骸勒赎，兵巡卫绍芳擒诛之。康熙三十八年，南靖寇至青山峡劫夺，乡兵追获解报。康熙四十五年，浙民黄宜加、曹昌隆入永定境案山聚徒，连年掠劫四乡及邻村。嘉庆十一年，湖雷居民詹立长窝藏漳州贼二百余人。咸丰三年，平和小卢溪匪首陈天宓聚众千余人，伏莽金丰岐岭下山，大肆劫掠拦途截货，行者不安，乡里骚然。换言之，永定从明代以来也是内患不断，从而使当时不得不以建楼房以炫耀财富的有钱人家，为了自保而纷纷把楼房逐渐变成具有很强防御功能的土围楼来。

（二）土围楼的防御特点

土围楼具有很强的防御功能，这是因为每一座土围楼都是一个自成系统的防御体系。其防御特点具体表现在下列一些方面：

1. 独立自主的小天地

土围楼中通常都是一个独立自主的小天地。一楼多是厨房与饭堂，二楼多为仓库，储藏了至少一季甚至一年以上的稻谷、麦子、豆子、地瓜干等粮食，也储存居民自制的干菜、豆豉、咸菜、凉粉等。土围楼的天井中都开有水井，水清源足，有的不止一口，如永定区抚市镇社前村的新永隆昌楼内就开了7眼水井。土围楼中还养有鸡、鸭、狗、猫之类家禽、家畜，有的连猪、牛、羊等大型家畜也栏养在楼内，有的则把猪圈、牛栏、羊栏等设置在土围楼四周近旁，遇警才把它们赶进土围楼里避难。绝大多数土围楼还设置有浴室。如永定县湖坑镇洪坑村的福裕楼就有 6 个浴室，而且还分男女，男浴室 4 间，女浴室 2 间。厕所则多建于土围楼近旁，如永定区抚市镇的新永隆昌楼，在楼的右侧，建了一溜 26 间并排的厕所，以便居住在楼内的几十号人方便使用。有的甚至在土围楼

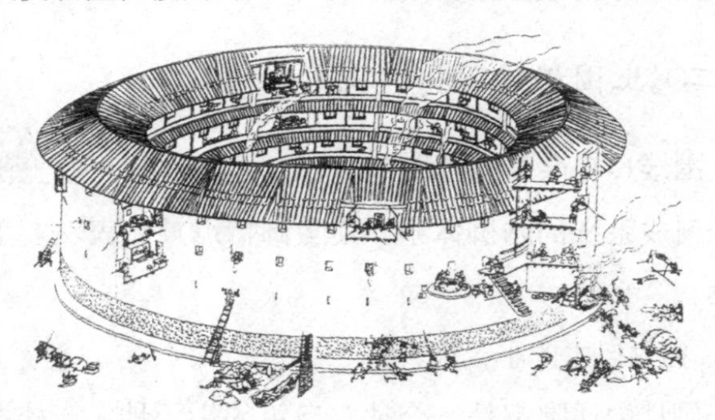

图 25：土围楼防御示意（取自《汉声》22 期）

内也设有几间厕所，如永定区湖坑镇新南村的衍香楼的底层楼梯旁各有一间卫生间。此外，土围楼中也储存有大量的柴草，以便煮食。还安装有谷砻、石舂、石磨等加工稻谷、杂粮、豆类的工具，把稻谷加工成大米，或磨豆子做豆腐等，都可以不出土围楼的大门。因此，可以说人们日常生活必需的设施和物资应有尽有，不仅不用去求助于别人，而且如果关起大门，楼内的人至少也能在里面舒舒服服地生活几个月

或半年以上。

所以，凭借着高大而又坚固的土围楼墙体，凭借着土围楼上开设的枪眼等防御手段，在封建王朝时代，土围楼可以说是固若金汤了。近现代有手枪、步枪、机枪，射程更远，敌人就更难靠近土围楼了。如果邻近还有其他的土围楼可以形成掎角之势，或形成品字形的阵势，防守上就可以相互照应，这些土围楼就更能发挥其防御的效果，从而使进攻的敌人难于跨越雷池一步。

2. 坚固厚实的消极抵御措施——外墙

土围楼的外墙不仅高大，有的可以高达 20 多米，而且厚实坚固。一般的土围楼的底墙厚度多在 1 米以上，华安县仙都镇的二宜楼底层的外墙甚至厚达 2.5 米，就连其三楼的外墙也厚至 1.8 米。有的土围楼的外墙是用特殊配方的三合土夯筑的，其内还夹杂着石块、石片，并夯筑结合成一体。这种夯土墙更是坚硬无比，甚至比钢筋混凝土墙有过之而无不及，即便使用大炮轰击也不容易被轰垮。

外墙的墙基通常基槽都较深，墙基多用大块的河卵石垒砌构筑。在垒砌时往往把河卵石较小的一头朝外，较大的一头朝内，相互交错地砌筑而成，上面夯筑起厚重、坚固的夯土墙后，整个土围楼的墙体就成了固若金汤的堡垒。要想从楼外撬开墙基几乎不可能，这是因为，石块的大头在内，小头在外，被卡死了，难于撬动。想挖地道从地下进去，也很困难，因为石脚的基槽一般都挖至生土，或更深一些。如华安县仙都镇的二宜楼，露出地面的墙脚就有 2 米高，埋在地下的部分长宽都在 3 米以上。挖地道时如果太浅，就会碰到石脚，仍然难于撬开石脚，因此，如果想挖地道，就得在生土层的深处进行。由于生土较粘与坚硬，因此在生土里挖地道既费力又费时，甚至是吃力不讨好，所以困难非常之大，也常常使盗匪望而却步。

3. 着眼于积极抗御的枪眼与出击口

土围楼不仅以厚实而高大的夯土墙作消极的防御，而且还广设枪眼或利用窗口作积极的抗御。土围楼二层楼以上外墙开设的窗口，多数都是外狭窄内宽大，只有最高层的窗口向外开得大些，人可以探头或探身出来。这些窗口，在敌人进攻时，就是一个一个枪口。窗口外狭内宽，外高约 20 厘米，宽约 6～7 厘米，内部开口较大，呈倒喇叭形，便于楼内的人向外射击，也便于射角的控制，可控制一个小小的扇面，而且不容易被楼外的敌人发觉。有的则在一二三楼都开设内大外小的枪口，如南靖县书洋镇田中村吕厝社的龙潭楼就是如此。高层因为即便用梯子也难于爬上，所以其窗户向外的一面可以开大些。这些高层的大口窗户，也有其防御的作用。除了当枪口外，当敌人接近墙脚，想破墙而入，或者架起梯子，想从二楼扩窗而入时，楼内的人就可以从这些高层的大口窗户中探身出来，用沸水泼，用石块砸，以杀伤敌人，迫使敌人不能在近楼的地方进攻。所以它们也可以作为积极御敌的出击口，也因此，过去在土围楼的最高层常储备有大小不等的石块。

有的土围楼还有配合特殊的布局设计，可以有效地消除死角。有的土围楼的最高层会挑出瞭望台，既便于欣赏风景，也可以用于观察敌情，并可以由上而下地控制同一墙体的墙脚等处，使这些地方不会成为死角。由于方形土围楼这类死角多，所以方形土围楼设置这种瞭望台较多一些。如龙岩市适中镇的许多土围楼都在最高层有这种挑出的瞭望台。南靖县书洋镇田中村吕厝社的龙潭楼在四楼的4个边角外边，各设一个楼斗作为瞭望台，内还各安放一门火药铳，以便瞭望与防御。在有的圆形土围楼上也有这类设置，如南靖县书洋镇（原梅林乡）长教坎下社的怀远楼，在大门两旁的第四层外墙上就有瞭望台挑出，上面也设有枪眼，可以向下射击，以控制大门和墙脚等处。有的土围楼则用其他方式增设枪眼，以增强其防御能力。如漳浦县旧镇的清晏楼，方形土围楼的四角建成突出的 4 个半圆形，整座土围楼平面呈风车状，在突出的半圆周各层都设有枪眼，一个正对半圆突出部的正前方，一个在半圆的内侧，对着土围楼的墙边，可以控制在墙边挖墙脚或想用梯子登楼的敌人。诏安县官陂镇溪口村的溪口楼，则在土围楼的四角伸出 4 个俗称“兔子耳”的矩形耳楼，该楼以条石垒砌而成，外无门，内与土围楼相通，三面外墙上均

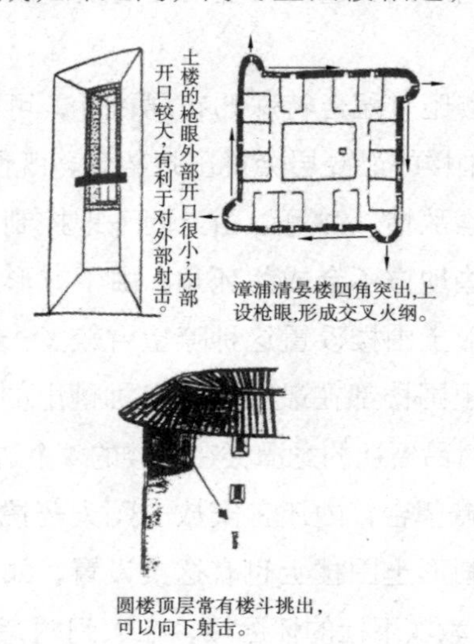

图 26：各种枪眼示意（取自《汉声》22 期）

设有枪眼，可以形成交叉火力网，大大提高了该楼的防御能力。

有的土围楼则用另外的方法来增加枪眼防御，如漳浦县深土镇的锦江楼由 3 个环形土围楼层层相套，外低内高，中环与内环的土围楼外墙四周都设有枪眼，和投掷引爆火器的小窗口，中环屋顶的外墙上还设有女儿墙，上面也遍设枪口，墙内还有一道环绕屋顶的跑道，与门楼上的瞭望台相通，此更有利于打枪和相互救援。内环和中环形成该楼的两道防线。在中环和内环土围楼还设有俗称“燕子尾”的瞭望楼，它高高屹立在门楼之上，突出于屋顶，可以很好地居高临下观察周围的动静。因此，锦江楼内高外低的结构，和层层设防的做法形成了一个很好的防御系统，使其经历了数十次盗匪的侵袭都没有被攻破。

4. 适于内部迅速运动的回廊

不论是方形的土围楼还是圆形的土围楼，都是用坚固厚实的夯土墙围合成的。它们的底层和二层楼多不向外开窗，一般在三层楼以上的卧室才开有小窗，而且还没有准备使用的房间甚至暂时不开窗。因此，大多数的土围楼只留一个大门进出，对外的孔道尽量减少到了最低的程度，从而使敌人没有多少孔道可以轻易入内。

然而，在土围楼楼内却多是四通八达的。在通廊式的土围楼内，一般每层都有回廊连通各个房间，便于楼内的互相运动与救援。例如漳浦县湖西镇赵家堡的完璧楼（方形）、南靖县书洋镇长教坎下社的怀远楼（圆形）、永定区高陂镇上洋村的遗经楼（方形）等都具有这种连通的回廊。有的土围楼的通廊上虽有隔门，关闭隔门时会形成一个个独立的单元，但一旦有警，打开隔门，回廊又可以相互连通，仍可以相互支援。如永定区湖坑镇洪坑村的振成楼（圆形）以八卦的形式把楼分为八等份，每等份有六开间。卦与卦之间设有防火墙，并各设有门户，门闭自成院落，隔门打开，通廊就连成一体。关闭隔门可以防火、防盗。而在危急时，打开通廊上的门户，又可相互支援。有的单元式的土围楼，虽然每个单元比较独立，但有的也在夯土墙内与房间的外面设置回廊，遇到敌人进攻土围楼时，楼内的居民就可以利用这些连通的回廊互相增援，抵御外敌。如华安县仙都镇的二宜楼就是如此。

二宜楼的外环楼有 16 米高，其夯土墙往上逐步收分。一至三层向外均没有开窗，仅四楼开 56 个小窗洞，并密布枪眼。

在第三层与第四层的交接处，把外环墙一分为二，以 0.8 米宽的外侧夯土墙作为屋顶的承重墙。留下大约 1 米宽的内侧墙则作为楼板的支承，并设置一个环楼的通廊，通廊与各单元房间以木板墙隔开，但又都设有门洞与各单元相通连。这样就在四层楼的房间后与墙壁之间，形成一道环绕全楼的隐蔽性通廊，当地俗称此为“隐通廊”。一旦发现敌情，楼内各户的壮丁就可以登上四楼，进入隐通廊去把守窗口、枪眼，打击进攻的敌人。此外，隐通廊的外侧墙上每隔 4.5 米就设有一个小灯龛，可以安放油灯或蜡烛照亮，便于夜里作战。其设计之细致、合理与巧妙，真是令人赞叹。

5. 坚实的大门与对付火攻的妙法

土围楼的外墙坚不可摧，因此，外墙上的门窗就成了攻击的目标。然而，土围楼多半在三层以上才开窗，防守时又居高临下，攻击者不容易架楼梯进攻，也很难接近墙根。况且土围楼的窗户口多很狭窄，内大外小，想从窗洞攻入非常困难。因为土围楼每一开间的窗户都在一条直线上，想爬到二楼破窗而入，三四楼的人就可探出身子用开水浇，用石块砸，打死敌人或迫使他们离开。因此，攻楼的主要目标一般都选择在土围楼唯一的出入口——大门。大门一旦被攻开，整座土围楼便告陷落，所以大门也相对成为土围楼防御的重点。

土围楼的大门是用实心的木板拼接而成，木板至少厚约12 厘米，相当厚重。如南靖县书洋镇田中村吕厝社龙潭楼的两扇大门是用耐火的“咬冬木”制成，厚度12 厘米，极为坚固。而土围楼的门框、门槛以及门洞也多用石块或石条砌成，并在石门框上预留有门闩插孔。遇到敌人袭击时，只要将大门紧闭，在大门板后加上横闩杆插入石门框中，就不怕敌人撞门攻击。有的土围楼的大门，除了横向的门闩杆外，还加上竖向的门闩杆，因而更加牢固，难以撼动。有一些土围楼甚至采用双层木门，如华安县仙都镇二宜楼的大门和两个边门都安装双重硬木门板，门板的内层还铆上铁板，圆拱形的石门框的腰部两边各有一个门栓洞，内藏一根很长的横木栓杆，关上门后就可以闩起来，以防止外敌撞开大门。

因此，对付这种实心的硬木大门，唯一有效的方法就是利用火攻，即把柴草堆放在紧闭的大门处，放火烧大门。然而，为了应付这种火攻，土围楼的建造和设计者也有妙法对付。一方面是在木门外包上铁皮以防止火烧，例如永定区高陂镇的遗经楼就是如此，他们的大门上铆上了一块块薄铁板。

另一方面就是在门楣梁上设置水槽或漏斗装置，并与二层楼上的储水箱或竹筒相连通。遇到敌人用火攻门，就从二楼往储水箱或竹筒中灌水，这样，水就会通过门顶的水槽、漏斗或楣梁，均匀地沿着木门的外表流下来，形成一道道水帘，淋湿木门，迅速浇灭大火，有效地防止敌人火攻，让敌人望着楼门兴叹，无可奈何。如华安县仙都镇的二宜楼在大门和两个边门之上均设有漏斗装置，万一敌人用火攻门，这些漏斗就可以泄水、漏沙，迅速扑灭烈火，确保进入大楼孔道的安全。南靖县书洋镇田中村吕厝社的龙潭楼则在门楼上方安装三支毛竹制成的水管，如敌人纵火烧门，就可以用其通水浇灭烧大门的大火，使敌人的企图失败。

在门楣梁上设水槽，与二楼水箱相连通，只要从水箱灌水，水就会均匀的沿门外皮流下，形成水幕灭水。

图 27：对付火攻大门的办法示意图

（取自《汉声》22 期）

此外，有的土围楼还会在门洞上面的房间中储放一些石块。当敌人撞击大门或放火烧大门时，将石块从楼上推下来，或丢下来，直接砸到攻门敌人的脑袋上，以消灭和杀伤敌人，或直接砸到燃烧的柴草堆上灭火，或撞到石台基上砸裂炸开，就像四射的弹片一样，去杀伤敌人，而不让敌人攻门。

6. 秘密的传声洞与地下逃生通道

有的土围楼为了生活和防御的方便，还设有秘密的传声洞和地下逃生通道。如华安县仙都镇的二宜楼，在建造土围楼之初砌筑墙脚时，就有意识地在每一单元的地段中各筑一道弯曲的传声洞。其用途是，深夜打探敌情回来，可以通过传声洞及时通报敌情，传递信息，以避免因等候开启双重大门而贻误备战时机。在平时，当楼内有人外出深夜归来，碰上楼门关闭时，就可以通过自家的传声洞喊自家人来开门，而不至于由于楼大院深叫不开门而在楼外坐等天明，或因高声叫门而影响其他人家的休息。

有的土围楼为了防御和生活方便，也常在土围楼内设一秘密地下通道，平时排水，遇围困时，也可借此逃生，以保存有生力量。例如漳浦县湖西镇赵家堡的完璧楼，在楼内天井中的楼梯旁隐蔽处，修了一高 1.4 米，宽 0.6 米的秘密地下通道直通赵家堡城外荒岭中。平时这条地道的功能是排水，使完璧楼内部不会积水、涨水。如被敌人围在土围楼里，也可以通过此出去报信，寻求援兵，或弹尽粮绝时由此逃生。又如在华安县仙都镇仙都村大地社的二宜楼中，也设置有类似的宽大地下排水沟。排水沟直通二宜楼外的小溪畔，上面以花岗岩条石铺盖，平时的功能自然是排水，危急时刻，就可以掀开一些花岗岩条石，下到排水沟，从此排水沟中迅速撤离。据说在 1934 年，有一些土匪民团攻打二宜楼，把二宜楼围得水泄不通，封锁了好几个月而攻不下，最后，楼里的居民粮绝，就利用这个地下秘密通道逃生。

七　土围楼之乡的年节

土围楼之乡指的是有土围楼建筑的地区，这包括两个地带，一是闽南沿海地带，一是福建中部高地向沿海平地过渡的山区溪谷地带。前者是纯闽南人生活的区域，后者是闽南人与客家人交界的区域，在交界线上，闽南人和客家人的村落犬牙交错，其纵深又有纯闽南人和客家人的区域。因此，在这个地区中，人们的风俗习惯复杂而又多变，也具有自己的特色。由于篇幅限制，本书只能叙述溪谷地带人们生活的几个方面，由此，人们也可以窥见土围楼之乡生活习俗的一斑。

在客家人和闽南人的主位意识中，年节是指那些要"孝祖"的日子，而对于那些没有"孝祖"的节日，则不认为是年节。在他们的意识中，能称得上是年节的有过年（春节）、元宵、三月节（上巳节）或清明、五月节（端午）、七月半、八月中秋、重阳和冬节（冬至），而且不同的村落有各自选择的年节，并非各个村落都一致。

（一）过年

在土围楼之乡，过年是最隆重的节日。各家各户大都在腊月十六后开始置办年货、磨米或用米碓舂米粉蒸年糕，做发糕、糍粑、“粄子”、包子等。去年家中有人过世的人家，自家不得蒸年糕，只做发糕等，并把它送给亲朋，他们则回赠年糕。客家人喜欢做些“粄子”，而闽南人则做些内包花生酥糖或地瓜泥、韭菜肉蓉的油炸食品，如“炸枣”、“韭菜盒”、“炸饺”等，并且不蒸年糕，他们一般到正月初九“天公生日”时才蒸年糕。每座土围楼中轮到该年负责公共事务的轮值房头则更加忙碌，他们要派人到漳州采购水仙花、香橼、佛手、金橘等摆设和祭神的供品等。水仙花要在计算花期之后雕刻，让它们能在大年初一正好绽开。

农历腊月二十三或二十四，负责全楼公共事务的房头，要组织全楼的各家送神。在厨房门口或厅堂中摆下供桌与供品，在厨房的灶王爷神位前，也要摆放甜食与较黏糊的供品，焚香祷告，并烧“纸马”送各路神灵和灶王爷回天庭述职。用甜食和粘嘴的东西供灶王爷，是想使灶王爷“上天言好事”，不说坏话。送神后，要做些上加有“春花”(用金纸和红纸做成的纸花)、绿枝的“扫尘帚”，组织全楼人大扫除。到溪边或用自来水清洗桌椅等家具，用“扫尘帚”清除蜘蛛丝和高处的灰尘，把土围楼的内内外外打扫得干干净净，楼中、房中整理得焕然一新。如家中有孕妇的人家，则要在腊月十五前清扫，以免触犯“胎神”，而对胎儿不利。

清扫后，要组织写春联，在大厅里摆好文房四宝，请楼中书法最好的人执笔，书法过得去的人协助，小孩子则负责磨墨。写春联要写好几天，因为，土围楼的厨房、饭堂、卧室、谷仓、灶头、猪舍、牛舍、鸡棚、鸭栏等，都要除旧换新，贴上新联和俗称“角仔”的方角贴红。这种“角仔”上常写“福”、“禄”、“寿”、“双喜”等单字，或“五谷丰登”、“六畜兴旺”、“丁财兴旺”，“招财进宝”、“富贵双登”、“人寿年丰”等四字吉祥语句。闽南人还喜欢写“春”字，因为在闽南方言中，“春”与“剩”同音，该字既预示春天的来临，又隐喻了年年有余。土围楼的一些公共场所，如大门、正厅门、厅柱、后厅门，边门、后门等处，关系到全楼的“面子”与荣耀，是显示该楼人是否有文化的地方，所以其上的对联一定要由书法好的人来写。农历廿八、廿九，各家还会去买些猪肉之类，以求新鲜。廿九日各家开始宰鸡杀鸭，为除夕的年夜饭做准备。

除夕是过年中最忙碌的一天。这天早上，轮值房头要组织楼中的小孩把公共场所再打扫一遍，并布置中堂屋中的厅堂，挂上历代祖宗画像（如有的话)，在供桌上摆放橘、发糕等供品，挂上大红的宫灯，“姓氏灯”等；后堂屋中的神厅中也要在供桌上放一些供品，并在香炉中燃香。轮值房头还需组织贴春联。贴春联时，先要把旧联撕掉弄干净，再贴上新联，以示除旧迎新；只有谷仓上的旧联不撕，把新联贴在旧联上，以象征粮食源源不断。贴完春联后，整座土围楼到处都是红艳艳的一片，洋溢着节日的喜庆气氛。

这一天，土围楼之乡的人们先要去村头、村尾的村庙拜祭神灵，供“三牲”(猪肉、鱼、鸡)、发糕、年糕，点香烛烧纸放鞭炮。然后，到祠堂拜祭祖先。拜祖先可以用拜过神的供品供奉，但不可倒过来，用祭拜过祖先的供品供奉给神灵，这样次序就颠倒了。回到家中，也需到本楼的神厅拜拜，以及到中堂厅，祭拜一下刚挂出来的历代祖先的画像。当天，家家户户要把水缸挑满，年夜饭煮好后，楼内的长辈要把井封起来，到大年初二敬过井神后才可以挑水。大约在下午5点左右，家家“围炉”吃“年夜饭”（也称团圆饭，有的称此为过老年）。这天外出做工的人都会回来过年，他们会给老人、小孩“红包”（压岁钱），以表示亲情。吃了“年夜饭”后，家长也会给孩子发压岁钱。当土围楼的居民都回家吃年夜饭后，土围楼的大门就会关起来，要到大年初一早上“开正”才打开。年夜饭吃完后，过去要点蜡烛或油灯守岁，现在则在厨房、大厅亮着电灯，观看中央电视台的春节联欢晚会的节目来守岁。有的人家这种守岁灯要一直亮到年初五。

大年初一首先的要事是“开正”。由于它预示着新的一年里运气的好坏，所以是一项民间很注重的仪式。开正的时辰是根据“通书”（皇历）所择的良辰吉时。开正时由楼内的长辈来从事，或由他们率全楼的各户主一起来做。时辰快到时，他们就会起床，梳洗完换上新衣裤，手持焚香与长串的鞭炮，待时辰一到，一个人打开大门，边开还要边说好话，如“大门大开，大吉大利”，“开门大吉”等。另一个人则手拿鞭炮从内放到外，同时还要说好话，如“脚踩四方，方方得利”

等，以便能有好彩头。然后，根据通书所示的吉利方向，朝天举香作揖，或摆上水果、清茶、香烛等供品敬奉天地神灵，并高声讲好话。如“万事如意”、“财星高照”、“顺顺利市”等，以示万象更新，迎春接福，以求喜、求财、求贵，并放一串长长的鞭炮。顿时，这楼放，那楼放，鞭炮声此起彼伏，到处响声连片，似乎在比赛谁家的鞭炮放得久，放得响，使整个山乡都沸腾起来。大门开后，各家也在厨房门外挂串鞭炮，放了以后，再把厨房门打开。此时，也要讲好话，以求好兆头，并且楼内的居民互相拜年，互说吉利、祝福的话。有的地方“开正”后，就煮上一壶好茶，带上几把香，到村里的所有大小庙中去“斟茶”，争烧头香，以示吉利。有的则在早饭后，全楼的男子才出门到神庙、祠堂中拜一拜后，再到同村的各土围楼中去拜年。

在大年初一最忌骂人、讲不吉利的话、扫地和打破物件。如有的小孩脱口说出不吉利的话，大人会“呸、呸、呸”地提醒他，或用草纸擦他的嘴巴。如果小孩打破碗，大人要赶快讲“银树开花”等吉祥语，驱避之。大年初一也不能扫地，否则认为一年的财气都被扫走了，发不了财。另外，大年初一不能干活，也不能洗衣服等，以表示“清闲”，反之，则认为是“劳碌命”。有的地方早餐时不能煮饭烧菜，只把除夕夜的饭菜热一下吃掉，这叫吃“压岁（年）饭”，表示“年年有余”。有的地方则煮面线，先供一下祖先，再全家人一起吃，象征长命百岁。大年初一的白天，也不准在床上睡觉，否则就会被认为这人一年到头要卧病在床。有的地方初一晚上也要“围炉”，称此为“过新年”。

初二可以到较远的外村亲友家拜年，做媳妇的也在这天“转外家”，有孩子的要带孩子去，丈夫去否随意。媳妇回娘家，也要随身带一些礼物，如鸡腿、年糕、糕饼、糖果等，孝敬父母亲，并可以在娘家多住几日。有的地方则带红包与糖果去，既要孝敬父母，也得给外甥们红包。去年刚结婚的新郎官这天一般要跟随妻子一起到岳父家“头年转门”，“做新婿郎”。如果新郎官去岳父家，与岳父同一土围楼的至亲，都会热酒做菜对他热情地款待。由于有的土围楼内住着许多家，这家请，那家请，或各家送些酒菜来也相当热闹。有的地方的闽南人这天出外拜年曰“出行”，晚上回来，要喝“出行酒”。

正月初三一般不外出拜年。对土围楼之乡的客家人来说，该日是送穷日，不到人家家里拜年，以防止被人误解把“穷神”送到人家里。家家只清扫垃圾，并用三支香与三张金纸一起送到路边、溪边焚香倒掉或烧掉，意为“穷去富来”。对土围楼之乡的闽南人来说，初三也是个“穷日”，也有“送穷”的习俗。如南靖县船场一带，初三打扫集了两天的垃圾后，要把垃圾和一把坏扫帚、三支香送到三岔路口，曰“送穷”。实际上，都是因为除夕守岁，初一、初二又都出去东奔西颠地串门拜年，所以很累，这天需在家中休息一下，养精蓄锐。因此，土围楼之乡的闽南人有民谚说“初一早，初二早，初三困甲饱”(睡个饱)，可以在家中好好睡一觉。

正月初四“接神”是土围楼之乡闽南人的习惯。初四那天清晨家家户户就把神案摆在厨房门口或天井中，供馔焚香并焚用红色油墨印制的“纸马”以迎接神灵的降临。有的地方这天才在灶头上换上新的灶王爷神像或神位。有的地方在除夕夜就把灶王爷接回来一起过年。

到了年初五，许多地方都会“开小正”。开了“小正”，农事和买卖都可以开始活动。当天早上各家各户与开门的店铺，都要焚香敬自家或店铺里供奉的神灵，并放鞭炮，以示开店大吉和农事开始的吉利。有的人家会在这天把挂在大门上的门帘纸撕下，在祭祀烧金时一起烧掉，表示新年已结束。而土围楼之乡的客家人初五才接神，有的也顺便“开小正”。但有的地方要等到正月十五闹元宵以后，才真正结束过年，各行各业才全面恢复正常的活动。

另外一个比较特殊的是，在土围楼之乡的闽南人地区，正月初九要过“天公生日”。而且闽南人认为“天公生日”很重要，因为“天上天公，地上母舅公”，“天公”（玉皇大帝）是诸神灵的领袖。因此，正月初七、初八家家户户就忙着准备菜肴和蒸年糕，而且每年蒸的年糕要比前一年大一些，以表示年年高升，年年有寸进。初九一大早，要在天井中或大门口摆上“天桌”（即在两条长板凳上架起供桌），用年糕、炸枣、面线等素斋敬“天公”，用三牲等荤食敬三官大帝等神灵，并到村里的神庙中拜拜。家家户户像过年一样庆祝，大多数地方在初八再一次“围炉”，全家人再吃一次团圆饭。客家人地区则不太重视这一节日，与闽南人聚居区接壤的地方也会在这天祭拜天公，但多数地方则是平淡地度过这一天。

（二）闹元宵

在土围楼之乡，绝大多数的地方都有正月十五闹元宵的习俗。在永定区高陂镇上洋村的遗经楼中，初三、初四一过，全楼就开始准备闹元宵的事宜了。准备工作中最重要的就是扎龙灯。他们自己扎一条龙，全楼的能工巧匠一起动手，有的破篾，有的扎，有的把楼内珍藏的印刷龙鳞的木刻印版拿出来，裁纸调色印龙鳞，有的则制作龙须等。待龙身骨架扎好，便把龙鳞糊上装好。当祭祀神灵点上龙睛后，一条活灵活现的新龙灯终于糊成，这时全楼的人都兴奋不已，壮汉们举着新龙灯试着练习舞弄，闹灯锣鼓也练得特别起劲，一天到晚咚咚锵锵的锣鼓声不断。

当地的元宵花灯是从正月十四闹起，一直闹到正月十八才结束。每天龙灯队都会出门到街上，到其他的土围楼中去舞龙灯，带去祝福，带去吉祥，也带回“红包”。当每天晚上闹完龙灯回来，遗经楼都有一户人“接灯”。所谓“接灯”，是备办一桌好酒席，用一串长长的鞭炮迎接龙灯回来，然后请闹龙灯的人美美地吃一顿。接灯的人家一般是去年刚结婚的新婚户，或是婚后尚未添男丁的人家。这是因为“灯”与“丁”同音，“接灯”隐喻着“接丁”，即接取新的男丁的意义，所以他们乐此不疲。

南靖县金山乡是闽南人聚居的地区，在该乡的龟仑寨圆形土围楼中，正月十五也闹元宵，但其情况与客家人的地区有一些不同。白天该村举行新婚夫妇拜祖的仪式。他们在村里的祠堂集中，在司仪那时而低沉时而激越的唱礼声中，上香，献酒，献供，在缥缈的香烟中虔诚祈祷，告诉祖先又有一代新人长大成人了。在仪式上，族中的长辈还要把山上采回来的白花赠给每对新婚夫妇，此叫“采灯花”，象征生子，表达了宗族希望新婚夫妇早生贵子壮大宗族的心愿，祠堂前，请来的戏班和木偶剧团演着芗剧和木偶戏。这天，他们还到土围楼后面山上的祖坟祭拜前几代祖宗。整个村里，到处是锣鼓声、鞭炮声。

入夜后，随着三声铳响，附近三个村落的人们都举着火把从四面八方涌到龟仑寨来“乞龟”，顿时锣鼓声此起彼伏，唢呐声激昂，爆竹声持续不断，打破了夜空的宁静，寂静的山野又一次疯狂了。十几支“蜈蚣阁”艺阵（也有人称“板凳龙”）和“竹马灯”，涌到龟仑寨，或穿行在村路上，或串街走巷，或到土围楼中闹腾一下，或且歌且舞地在旷地上表演。人们焚香秉烛，燃放鞭炮，迎接它们，也感受到“蜈蚣阁”、“竹马灯”带来的春意与吉祥。

“蜈蚣阁”是粗犷和古朴的，除了龙头龙尾是木雕彩绘的外，龙身是用几十条板凳或木板串起来的，节与节之间可以活动自如，每节由两个人扛着，每节板凳上站着或坐着时装小孩或扮戏文的小孩，上面还装饰有彩扎的小排楼等。一般一条“蜈蚣阁”长二三十节，长的也有五六十节的，需要五六十人或上百人才耍得起来，显得气势宏大、壮观和带有几分野性。

“竹马灯”是由村里的能工巧匠竹扎纸糊成一只只竹马，再在马中点上一盏灯，然后由小孩腰扎马头、马尾，手执马鞭，和着鼓点、音乐耍弄表演。在这里，人们表演的“竹马灯”据说是“昭君出塞”。它以 9 个小孩为一队，浓妆淡抹，扮成昭君、番王、小生、婢女等，骑着竹马且舞且歌，竹马急剧地抖动、颠簸、舞动着，就像昭君出塞的马队在荒漠里顶着漫天的风沙艰辛跋涉一样。

在如火如荼的喧闹后，龟仑寨抬出 3 只各由百来斤糯米拌红糖做成的“大龟粿”。这“大龟粿”象征着三个村落的和睦安康与吉祥如意。在这个仪式过程中，人们纷纷“乞龟”而去，让家人分享，他们期望大龟给他们带来吉祥如意，带来好的运气。当这一年“乞龟”者家庭平安顺利地度过一年，他们会加倍送来糯米、红糖，再做更大的龟，让好运带给更多的人家。

在土围楼之乡，有的地方则不闹元宵。如永定区湖坑镇的李姓，在正月十五就不闹元宵。因为在他们的头脑中，还记着祖先传下来的古训。据说公元 684 年正月十五日的元宵节，唐高宗李治在彩楼上观赏花灯，突然听到薛刚闹事踢死太子李奇的坏消息，惊慌失措以至失足从楼上摔下来致死，造成了李唐王朝的大悲剧。所以，后来李唐王朝下旨，今后正月十五，天下的李姓不准闹花灯。因此，李姓都不闹元宵。土围楼之乡湖坑是李姓的聚居地，李姓也遵守祖训，正月十五不闹花灯，而是从正月十五开始他们姓氏的春祭，以祭拜祖先。

从正月十五开始，湖坑的李姓就开始他们每年的春祭。其春祭主要是墓祭，即从其开基湖坑的一世祖的祖坟开始祭祀起。据湖坑的《陇西李氏族谱》载，湖坑李姓的开基祖是三五郎，“葬本乡背隔大圆墩”；其只有一子五三郎（淑良），“葬本乡大坪狮子”；五三郎也只有一子千五郎（玄德）；千五郎也仅一子大六郎（衍宗），“葬湖坑田背洋”；大六郎生有 5 子：积玉、德玉、李实、梅轩、孝梓。除孝梓迁平和外，其余均葬在湖坑。由于第五代有 5 人，所以现在来祭祀祖先的人都是他们的后裔。换言之，参加祭祀前四代的人最多，而从第五代起就开始分流。所以前四代的祭祀非常隆重，尤其大六郎的祭祀最为隆重。

这种祭祖一般以“少牢”的规模祭，同时还有锣鼓、唢呐及迎高灯、凉伞队跟着，并且祭祀的人需分成“五堂”，即第一堂为总理、族中长辈及族中有声望的和有官衔的绅士；第二堂为各房的房长；第三堂为各房的读书人（中学毕业以上）；第四堂为特邀代表，多为同姓不同宗族的有名望和有官衔之李姓及港澳台回来的族亲；第五堂则轮到当年负责春祭事务的副总理、协理们。每堂祭拜都要在礼生的指挥下行三献礼和三跪九叩礼，相当肃穆、隆重。五堂祭毕，烧纸放炮，铳鼓齐鸣，锣鼓喇叭吹打不停，热闹异常。从第五代祖后，湖坑李姓的祭墓仪式开始分流，一直持续到清明前，以最后祭祀完自己三代以内的祖坟为止，大约持续进行一个半月到两个月。

（三）其他年节

1. 三月节与清明节

三月节即上巳节，此与清明节主要是扫墓的时节。土围楼之乡的客家人地区，有的地方扫墓开始于正月，到上巳节或清明节时主要是扫祭上三代祖先的坟墓。节日之前，客家人都会做一些“青叶粄”，此也叫“苎叶粄”，是用苎麻叶揉碎后，加在籼米粉中做成的米粄。扫墓时，通常把坟墓上和周围的杂草除掉，摆上供品烧香祭祀一番，并在坟墓上压些纸钱。客家人的纸钱就是一扎一扎的粗纸，但在墓头或墓顶要压有的地方俗称“扎纸”的“血纸”，即用小公鸡（仔公鸡）的血染红的粗纸，而在三牲中也有此小公鸡。在土围楼之乡客家人地区的有些地方，如湖坑镇李姓还有一种较特殊的习俗，由于他们从正月十五日就开始祭墓，到清明节时，已是“清明前，扫墓完”，因此，清明节他们从事“许清明”的仪式，到村口传统规定的“清明坪”上或溪边、路口去祭祀无人供奉的孤魂野鬼。祭祀时，用“三牲”、“青叶粄”、大米等作为供品，烧香及粗纸，并撒些大米在地上，以公祭孤魂野鬼，避免其出来作怪，保佑乡村平安。有的还请道士来做道场，超度这些孤魂野鬼。

在土围楼之乡的闽南人地区，上巳节或清明节扫墓也是扫上三代近祖的坟墓。与客家人不同的是，闽南人不做“青叶粄”，而是做“薄饼”（用极薄的面皮包上各种切成丝的菜肴如香菇、春笋、肉丝、鳊鱼、虾仁、豆芽等）吃。扫墓时所献墓的是带有颜色的“五色纸”，而没有“血纸”，烧给祖先用的是“银纸”，即草纸上擦有两小块银箔的冥钱。另外，闽南人坟墓的墓围左侧多有土地或后土的神位，扫墓时也需祭拜一下。所以当闽南人清除墓上与周围的杂草进行祭拜时，通常是先祭土地或后土，此用“三牲”及其他供品，焚三支香，烧些“寿金”、“擦金”。然后才是对祖坟的祭祀，这可以用祭过土地的供品，但只能焚两支香和烧“银纸”。

2. 五月节

五月初五为端午节，俗称“五月节”、“五日节”。这天土围楼之乡的客家人会做些包肉、豆的咸粽、甜或碱水粽子，据说这是为了纪念屈原。但由于溪谷地带的土围楼之乡几乎都是山区，除了小溪外，几乎都没有可以划龙舟的大河，所以，当地没有划龙舟的习俗。端午节要拜神敬祖，既要用“三牲”和粽子等到村里的神庙拜拜，又要到祠堂中“孝祖”。当天，土围楼之乡的人们要用一些当地称之为“网藤草”、“石香葡”等的草药烧“午时水”洗澡，而小孩则多到小溪中洗澡。家家户户也会在大门上挂或插桃树枝条。据当地的民间传说，黄巢起义后有一次率军在路上遇见一位妇女背着一个大男孩，牵着小男孩逃难。黄巢见了觉得奇怪，就上前问其背大携小的缘故。那妇人说：听说黄巢造反，到处杀人，大的孩子是我侄儿，他父母已不在人世，唯恐闪失，断了香火，所以背着，小的是我亲生子，为保侄儿，以免兄嫂绝嗣，也顾不了许多了。黄巢听了很感动，便告诉妇人回家采桃树枝条插于门口，就可以保平安，不要外逃了。随即向其部下下令：凡门口挂有桃枝者，不准有犯。妇人知道问话者是黄巢，便赶回村里，要大家都在门口挂上桃树枝条，于是大家都避开了杀戮，平安无事。由于那天是五月初五端午节，所以，后来大家为了纪念此，就在五月初五插桃树枝条以免祸。

由于当天有敬神孝祖的活动，中午过节的午宴也较丰盛，有鸡、鱼、肉、粽子等，另外，还会喝一点雄黄酒。有的地方还会在孩子的额头、手上等处涂点雄黄酒，并在水井、水缸中投点雄黄，用雄黄水在家里的内外洒一些，以避邪和驱毒虫。有的还会给小孩挂上装有雄黄等的香荷包香囊。

在土围楼之乡的闽南人地区，端午节多不做粽子，一般做一些油炸食品。由于居住的是山区，所以绝大多数也没有划龙舟的习俗，只有居住在近大河的地区，或平原河网地区，才有划龙舟的习惯。如南靖县船场镇沿河的下余、大福、月眉楼、丁仔角、坝头、官尾、炭坑等四甲头地方，解放前有龙舟竞赛。解放后因建南二水电站后，河道水浅，这种划龙舟的活动也停办了。

闽南人的地区，端午会在门上挂艾枝、榕树枝、菖蒲来驱邪。也会用雄黄水在屋前屋后及房内洒一些以驱毒虫，并在水井、水缸中投些雄黄以驱毒、驱邪。同样，也会备办“三牲”、油炸食品去村里的各庙祭祀神灵，到祠堂或祖厝、祖厅孝敬祖先，到傍晚还会在大门口祭祀俗称“门口公”、“人客”或“大众爷”“好兄弟”等的鬼灵。节日的宴席通常也在中午，同样会喝点雄黄酒，用雄黄酒或雄黄水给孩子涂额头和手足以驱邪和避免生疖子，并给孩子挂上绣有“平安”、内装雄黄或樟脑等的香囊，有的地方还要在小孩的手上缚上五色丝线。同时也会在正午用艾叶烧的水洗澡，并在正午时分从井里打一些“午时水”装瓶，据说喝了可以治疗热病。有的还会在家中烧俗称“香柴”、“名香”、“苍术”、“硫磺”等药物，以祛瘆除湿驱邪驱秽。所做的一切以驱毒、驱邪为主，具有更古老的意蕴。

3. 七月半与普度

七月半也称“盂兰盆节”，有的俗称“鬼节”或“送鬼节”，一般都在农历七月十五从事。民间传说这天地狱中的鬼魂都要回家来过节。在土围楼之乡的客家人地区，这天也要做一些“青叶粄”、“斋子”等。上午先备办“三牲”和香纸烛炮等，去村里的神庙拜拜，然后还要到祠堂孝祖，这天所烧的银纸要特别多些，有的甚至要包成一小箱，写上某祖先的名号，然后再烧掉，认为这样做，祖先才能收到。有的要做些纸衣、纸帽、钱箱烧给祖先。到了傍晚则在溪边或路口摆上三牲、“青叶粄”、“斋子”、纸衣、纸帽、钱箱等，把香插成一排排，来祭祀孤魂野鬼，以避免他们因没人供奉而来作祟。祭祀完后，烧纸钱，并撒一些“斋子”在溪边或路口，施舍给孤魂野鬼。还有放纸船顺流而下，以示送瘟神及鬼。有的村落则会请道士来“打醮”、“度孤”等。

在土围楼之乡的闽南人地区，则不做“青叶粄”等，他们多做粽子以及油炸食品，但也有些地方做米粿。在土围楼之乡的许多闽南人地方，整个七月都是“鬼月”，七月初一称“开鬼门”（放焰口），七月最后一日称“关鬼门”（关焰口）。他们认为七月份地狱门打开，鬼都出来觅食，所以要“普度”。“普度”往往是轮流做，即每个乡镇的每个村落各做一天，这样在乡间，每一天都有一个村落“普度”。就一个村落来说，七月有几次拜拜，初一开鬼门、三十关鬼门，村落自己的“普度”日以及十五的盂兰盆节都有祭祀活动。不过，初一、十五与三十只是备办一些祭品祭一下祖先和孤魂野鬼，而本村的普度日则办得相当隆重。除了祭祀神灵、祖先、孤魂野鬼外，还要宴请众多的亲朋等宾客，所以“普度”日每个家庭都必须准备许多食品。因此，在“普度”日，家家几乎都要杀一头猪，才够招待客人。也因此，“普度”日祭祀时，人们常常会把刚杀好的生猪拿去当祭品，因此，在村里的普度场上，可以看到用几十头或上百头生猪和丰盛的供品祭祀“普度公”、村神和孤魂野鬼的壮观场面，以及芗剧、木偶戏、竹马戏等“拼戏”的热闹景象。

另外，在各家的门口，傍晚时分则要敬有的地方叫“门口公”、有的地方叫“人客”或“大众爷”“好兄弟”的孤魂野鬼，而且供品丰盛，三牲、五果、六斋及各种熟菜全有，并且还有生米、清水等。每碗上插一支香，祭祀者要“呼请”孤魂野鬼来“享用”，待香燃得差不多时，还得烧银纸、烧“经衣”（在五色纸上印一些衣裤及日常用品），让孤魂野鬼“吃饱”，并“带些走”，然后放一些鞭炮表示祭拜仪式结束。当然，这种普度日，也需祭祀祖先，但这一般在上午进行。中午、晚上则是各家宴请来客的时候。

4. 八月中秋

八月十五中秋节，也称“八月节”或“八月半”。过去土围楼之乡的人们会自己做月饼及糕饼，一般都用圆形的印模印出圆形的月饼或糕饼，然后再烤或蒸。现在已没有人做了。在土围楼之乡的客家人地区，只是做些“米粄”、芋丸等，并买些鱼、肉、月饼、柚子等回来过节。八月节照例也要敬神、孝祖。除了“三牲”外，这天在敬神、“孝祖”时要用月饼。晚上，小孩会拿着月饼等着圆月升天，请“月娘娘”下来吃月饼。有的大人则教小孩念儿歌：“月光光，秀才郎，骑白马，过圆场……”或“月亮月光光，起（建）厝田中央，田螺做水缸，纸盒做眠床”等。

在土围楼之乡的客家人地区的有些地方，八月中秋节是秋祭的开始。如永定区湖坑镇的李姓，他们在八月中秋从事秋祭，而且他们的秋祭除了祠祭外还有墓祭。由于他们在春祭时，祭祀的主要是远祖的坟墓，因此在秋祭时，墓祭的主要是三代以内的祖坟，如过世的曾祖父母、祖父母或已逝的父母的坟墓。除此外，湖坑的李姓还要在祠堂中祭祀历代祖先和举办“吃公”的活动。

在土围楼之乡的闽南人地区，情况大致差不多。在过去，闽南人中流传着一句俗语："八月十五，番薯芋"。这是说过去在八月十五中秋节时要用番薯、芋头等祭祀神灵、祖先。现在有的地方除了还会做一些芋头糕外，其他东西都已购自市场。有的地方把这天视为每年的年节之一，所以他们除了到村庙中敬神外，也会到祠堂或祖厅中孝祖，即带着供品到祠堂或祖厅祭拜自己一支的祖先。有的认为这天是土地公的圣诞，他们会到土地庙去拜拜。有的在这天还会到田头祭拜土地，把"寿金"、"土地公银"挂在田头地尾，来祭祀土地公。有的地方的闽南人并没有把中秋节当作是需要孝祖的年节，只是一般的节日，因此，他们只是买些月饼来尝尝，加几个菜吃一顿，也就算是度过了中秋节。

5. 重阳节

重阳节也称"九月节"、"重九节"。在客家人地区有的还称其为"兜尾节"，认为这是一年中的最后一个节日。由于此时为秋收后，新米、芋头登场，农家也需借此节日稍事休息，加加餐，所以多做糍粑等食用，或馈送他人。永定区的客家人还有做芋子肉丸（用芋子和薯粉做外衣内包肉馅）的习惯。同时，也需用"三牲"、糍粑、芋子肉丸等敬神、"孝祖"，让神灵与祖先尝尝新鲜。晚上则设酒席加餐，以度过这"九九长”的节日。

但有的客家人也不过这一节日，如湖坑镇的李姓就不过重阳节。这是因为湖坑李姓每年都在农历九月十一日开始他们的“做福”仪式，在九月十日就开始斋戒，他们怕如果过重阳节吃荤，荤料会洗不干净，所以干脆不过节。湖坑乡南溪村的苏姓也不过重阳节，因为，他们的祖先中有人是在重阳节被洪水冲走，重阳节都在为打捞尸体和料理后事而忙碌，所以后来在该日都不过节日。

土围楼之乡的闽南人地区则不太重视这一节日。因为在闽南方言中，“九”与“狗”谐音，除了有些地方也“打糍粑”尝新及赠友外，绝大多数的闽南人没有过这个节日，即没有把它当作是“年节”。

6. 冬节

冬至日俗称“冬节”。土围楼之乡的闽南人和客家人都有搓糯米汤圆熬糖水而食的习俗，并认为吃汤圆可以驱寒暖胃。土围楼之乡的绝大多数地方的客家人和闽南人也都把这天视为每年的年节之一。所以，这天各家都会准备“三牲酒礼”、水果及汤圆等去村庙敬神，去祠堂、祖厅“孝祖”，然后自家人聚在一起加加餐和吃汤圆。

对多数的村落来说，这天也是秋祭的日子。宗族的长老们，现多数是当上祖父的老人，他们会凑钱（过去靠族田的收入，现在则靠凑份子钱，或者以其他形式准备一笔经费），备办各种各样的食品，在祠堂中代表整个宗族祭祀祖先（过去则由族中的族长、房长及有功名的人祭）。这种祭祀一年通常做两次，春祭一般选择在农历二月十五日，而秋祭则多在冬至日，而且比较正式、正规，即这两次祭祀都是宗族公共事务，所祭祀的祖先是宗族中的历代祖先，而且祭祀有一整套繁缛的仪式过程。宗族的宗老们，有的充当礼生，有的充当主祭、陪祭。他们在供桌上摆上插有猪尾巴的猪头（象征全猪）等“三牲”或“五牲”、“菜碗”（荤素搭配的菜肴）、五果（香蕉、柑橘、旺梨、苹果、梨子等）、“六斋”等供品，穿着长衫，焚香，按老规矩一次一次地献供，一次一次地行三跪九叩礼，向祖先祈祷，念祭文，并感谢祖先这一年来对他们的庇佑。祭祀结束后，又在祠堂中开办宴席，所有来参加祭祀的老人一起“吃公”。然后，选出明年主持春秋两祭的“头家”。由他们来组织明年的春秋祭祀祖先的活动。

八　土围楼之乡的人生礼仪

人的一生有着许多“关口”，举凡诞生、满月、周岁、结婚、死亡等都是些重要的关口。这些关口标志一个人一生中的大转折，因此充满着模糊与无序，人们为了使其明确，并向社会宣告某个人通过了其一生的一个关口，所以，经常要举行一些仪式，以此昭示于社会，并由此重新建立起秩序，继续生活下去。这些有关人生关口的仪式，通常称人生礼仪，或称通过仪式。在中国的每个民族中都有这种仪式，但在一个民族中，由于地区不同等因素的影响，也会出现一些差异。土围楼之乡只是中国的一个有着土围楼建筑分布的地区，因此，该地的人生礼仪也有其自身的特点。

（一）诞生

土围楼之乡的妇女生孩子，多在家中生，由接生婆接生。碰到难产才由亲属等送到医院由医生接生。孩子出生后，要送一些红鸡蛋给帮忙送孕妇到医院的亲属，以便给人家消灾。分娩的当天，男主人要祭祀祖先，告诉祖先家里添了人。同时要送红鸡蛋或“红包（染红的圆馒头）给孩子的外婆家和亲堂及亲戚报喜。如果生的是男孩，所送的鸡蛋或“红包”是单数，如果生女孩，送的蛋或“红包”是双数的。亲友们接到红鸡蛋或“红包”，要回礼，这主要是小孩的衣裤等及阉鸡等，给小孩用和给孕妇“进补”。在闽南地区，生男孩才送“红包”给亲友，并放鞭炮祝贺，而生女孩就没有这些仪式，只是说“也好，也好”，有比较浓厚的重男轻女的思想与做法。如果是头胎儿子，孩子的父亲要准备米酒，给岳父家和小舅子家，各送一壶酒以及三五斤猪肉去报喜。收到礼物的家庭，特别是孕妇的父母家，要回赠三五只阉鸡及其他礼物，如小孩的衣裤、围襟、兜肚、帽子、用于捆手脚的红带子、背带等。有的则在“三朝”时才送来。

小孩生下来的第三天，要举行“洗三”仪式。一大早先用一些简单的菜肴祭祀神灵、祖先。然后，由祖母或外祖母给小孩洗澡。洗澡用开水，澡盆中要放两个煮熟的鸡蛋。待水变温时给婴儿洗澡，边洗要边说些吉祥如意的好话，希望小孩能顺顺利利健康长大。洗完后，要用澡盆内的熟鸡蛋在小孩的身上滚一滚，希望小孩聪明健康，像蛋一样圆润，像蛋一样光滑漂亮。而后，把蛋切成橘瓣状或整个送给来观看“洗三”的小孩子们吃。

在小孩未满月前，一般认为是处于一个充满危险的时期，所以有许多禁忌。如小孩的胎衣要埋好，如让人拿走，婴儿就会遭受不幸。产妇一个月内不能出房，不能吹风，不能洗头，洗凉水，不能吃生冷的东西，不能到土围楼或其他建筑形式的门厅、中厅、内厅（后堂厅）里坐，不能大声说话，不能在大庭广众之下喂奶。产妇不能吃鸡头、鸡翅膀、鸡脚、鸡屁股，若是吃了，小孩长大后不会讲话，不会写字，会翘嘴巴等；产妇也不能吃羊肉、牛肉，以及与羊关在一起的猪的肉，如吃了，小孩长大会发羊癫风。产妇不能吃青菜，只能吃“麻油鸡”，并要加姜加酒。家中的东西不能搬动，也不能钉钉子，大声喧哗等，以防触犯“胎神”，导致婴儿夭折。婴儿的尿布不能放在门外晒，这会得罪神灵。产房是污秽的地方，进过产房的人一个月内不得参加敬神祭祖的事务，除了至亲的女眷外，一般男主人都不进去。产妇“坐月子”期间，家里人外出回来，不能直接进大门，要先到厕所转一趟，才可以进大门。因为，他们认为，人出外会有鬼等不祥之物跟着，如直接进大门，会把它们带进来。由于厕所肮脏，鬼等不祥之物不敢进去，所以进了厕所后，鬼就不会再跟了，这样就安全了，不会把鬼引到家里对小孩作祟。另外，三、五、七、九、十二天时，都要祭祀“床母”（客家人称“床公、床婆”），以保佑婴儿能顺利生存下去。

（二）满月

小孩生下满 30 天就可以做满月仪式，以庆祝他（她）度过一个“关口”。如果是男孩，满月仪式和酒席会办得隆重与排场，会发“弥月帖”给亲友，请他们来吃“弥月酒”。如果是女孩则简单地举行一个仪式，而不办酒席，显示土围楼之乡的人们有着浓郁的重男轻女意识形态。

满月仪式的第一个重要内容是“剃满月头”。一大早，祖母或外祖母就把婴儿抱到后堂厅坐着，自己动手或请剃头师傅给婴儿剃头。剃头时，只留下囟门一块不剃，因为这时婴儿的囟门还未长合，留下一撮“囟毛”可以保护囟门。这第一次剃下的头发称“胎发”，多半用盒子收藏起来，或搓成头发团挂在床头，保存起来。据民间土方说，婴儿的胎发能止血，所以一般都保留着，不轻易丢掉。

剃头后，可以给婴儿换上新衣裤、袜子，带上新帽子，带上项圈、手环、脚环等。这些主要是小孩的外婆家送来的。然后，在后堂厅中的供桌上摆上猪肉、鸡、鱼等“三牲”，及三杯糯米酒和三杯清茶，由祖母抱着婴儿拜神。拜完后，祖母抱着婴儿到大门外走一走，跑一跑，边走或边跑边同围观的小孩一起叫“鹞婆（老鹰）、鹞婆”，以壮婴儿的胆量。这仪式象征婴儿已度过最危险的一个月，从这天起就可以见天，可以出产房，像老鹰一样自由飞翔，也祝愿其能像老鹰一样雄健。这天还要准备两根一米左右的茅草，用红纸包住茅根，一根放在门槛后，一根捆于婴儿襁包上以避邪。

如是男孩，这天中午办酒席请亲友。土围楼后堂厅坐的客人都是“亲堂”（父党）和亲戚（母党）中的长辈，中堂正厅坐的是与自己同辈的同宗“亲堂”、亲戚、朋友，前堂厅（门厅）坐的是同土围楼居住的家族成员，他们必须帮忙做许多接待工作。酒席进行到一半时，进行“开斋”仪式。这时把婴儿抱到祖父手中，在其面前，用托盘装着一些食物，有：葱、酒、豆腐、染红的糯米圆子、鸡、鱼、肉等。葱象征聪明智慧，有发明创造才能；豆腐表示能辅佐国家，以后大富大贵，名扬天下；鱼象征鲤鱼跳龙门，可以步步高升；鸡表示闻鸡起舞，努力奋斗后可居人之上；肉表示禄有一方，长大有钱，有很多肉吃，身体健康；染红的糯米圆子象征一家团圆，过幸福日子；酒表示日日有酒菜，小孩能快点长大。开斋时，由祖父用筷子点碰一下食物，再点一下婴儿的嘴唇，边点边说一些谐音的好话，如点葱时说："聪（葱）明智慧"；点鱼时说："鲤鱼跳龙门"或"年年有余（鱼）"；点豆腐时说："大富（豆腐）大贵"；点鸡时说："金鸡报晓"；点肉时说："有食有禄（肉）"。各种东西一一点完后，还得用筷子在托盘上圈点一下，然后再点婴儿的嘴唇，这叫"五福俱全"。开完斋，席上的亲朋，都会给婴儿"红包"利市钱，这也叫"见辈钱"。然后祖父才让婴儿的母亲把婴儿抱回房里。这以后，婴儿就可以开始吃一点荤腥了。

一般而言，当主人家发请帖给亲友，请他们来吃满月酒时，亲友都会还礼和赴宴。送的礼物通常是小孩的衣裤、项圈、铃铛、手环、脚环、玩具等，但最好是吉利的东西。小孩外婆家的礼物特别一些，要有红色或红花的衣裤、兜肚、包被、兔耳帽、虎头帽、袜子、帽坠、项圈、手环、脚环等，但不能有鞋子，只有周岁才可以送鞋子。有时有的人送了礼，但却不能来赴宴，或亲友太多无法一一请来。对这些不能来的亲友，主人家也需还礼。通常在举行仪式的前一天送染红的馒头或糍粑给他们。客家人多一家送 9 个，表示长长久久。闽南人一般不用“九”这个字眼，因为在方言中“九”与“狗”谐音，通常是送 8 个，表示“好八字”。另外，婴儿的外婆家，要送一份较特别的礼物，即把宴席上的所有菜肴都装上一碗，由公公、婆婆或父亲亲自送去。

（三）百日与周岁

在土围楼之乡，小孩长到 100 天或 120 天，也需请客庆祝一下，但其规模较小和简单，只宴请外婆家的亲戚。来客也需送礼，但所送的礼物都要与寿与百有关，如送长命锁、长命衣（百衲衣），或 100 个鸡蛋等。首先要先敬本楼神厅中的神灵，然后还要敬床母、土地等，而后才给小孩穿百衲衣、戴长命锁等，并宴请来祝贺的亲戚。

周岁也比较简单，甚至不办宴席，只是做一些染红的

“米粄”、油饭、粽子等庆贺一下，并让小孩“抓周”。外婆家要送婴儿一套新衣等，及一双鞋子，并来参加仪式。也要先祭拜神灵、床母等，然后，让婴儿吃外婆家送来的“硬粄”，“吃了‘硬粄’脚骨更加硬”，以象征脚骨硬实，会很快地学会走路。有的家庭还会举行让婴儿“抓周”的仪式。大人在竹制的大爬篮中放置文房四宝、算盘、秤砣、剪刀、尺子、葱、染红的米粄、粽子等物品，女孩还要加上针线等，让婴儿去抓，以预示其今后可能的职业及性情、人品。如抓到文房四宝，说明婴儿今后会金榜题名当官；摸到算盘、秤砣，预示婴儿今后会做生意当商人；抓到剪刀、尺子，暗示婴儿今后会缝纫；摸到粽子，预示小孩今后会当农民种田；碰到葱，认为小孩长大后聪明能干；而摸到染红的米粄，则认为孩子今后贪嘴，一辈子吃父母的，这就要留意了。

婴儿周岁后，也有许多禁忌要遵守：小孩不能吃鸡翅膀，不能吃祭过祖先的东西，认为吃了这些会远走他乡和没有记性；小孩在楼内、室内不能戴重叠的帽子、斗笠，也不能打伞，否则会长不高；换牙时，上齿要扔到屋顶上，下齿要丢到床下面，这样再长新牙时，才会长得均匀、结实；男孩不能从女人的裤裆下走过，如走过，将来升不了官；小孩吃饭，碗里不能有剩饭。如女孩这样，将来会成为麻子；如男孩这样，将来娶的媳妇会是个麻子。如果婴儿夜哭不止，就要写张“天皇皇，地皇皇，我家有个夜啼郎（娘），过往君子念一遍，一夜睡到大天光”的帖子，贴在厕所墙上，或三岔路口的大树或墙上。

有的孩子不太好养，如体弱多病，或者命中要有两个父亲或母亲来管教，或“八字”与父母相克等，就要找个干爹或干娘，以使其免除灾祸和平安顺利长大。找干爹娘，要先征求人家的同意，然后选个好日子，由父亲领着孩子，带着礼物到干亲家中，由孩子给干爹、干娘叩3个头，就算仪式完成。干娘会给孩子起个小名，并给他一副碗勺、筷子和一套衣服，让小孩用所赠的碗筷吃饭。此意思是：他已是干爹娘家的孩子，吃了他家的饭，和亲生父母无干系了。今后有干爹干娘的福气庇佑着，就可以健康、强壮、长寿。这以后，每逢过年，干爹、干娘要给孩子压岁钱、衣服等，而孩子也得给干爹娘送年节礼物。

有的则去当神灵的“契子”，以便让神灵保佑孩子健康、聪明，将来能有所发达等。过继给神灵时，往往要选个好日子，准备“三牲”、水果、鞭炮、香烛等，到神庙中祷告，祈求神灵应允当孩子的“契父”或“契母”。如得到神灵的应允，就给神灵挂红，把祭过神灵的供品给孩子吃一点，并把一张“契书”贴于神庙中。回到家中也得写一张“契书”如“新丁林龙祥契保生大帝为孙，取名英求生，长命富贵”，“新丁乳名晚岚投契榕公榕母，取名榕保，祈保新丁长命富贵”的“契书”贴于自家的厅堂中，告诉祖先。以后这孩子就算是此神灵的“契子”，每逢年节或神诞，家里人都要去祭拜神灵，一直到16岁“解契”后，这层关系才算结束。给神灵当“契子”，有的也要再取个与神灵有关小名，如观音妹、保生哥等。土围楼之乡的客家人有拜榕树、松树、大石头、土地伯公的习俗，所以有的人家的孩子也有给这些自然神当“契子”的，因此，有些人会起“树生”、“松生”、“榕保”等的小名。

（四）婚礼过程

男大当婚，女大当嫁。当儿女长到一定年龄，做父母的就会张罗给他们寻找对象，希望他们早日成婚，而成为大人。在土围楼之乡，这种俗例也是少不了的。在过去，人们盼望早生贵子，所以结婚都较早。现在多数都按照婚姻法的规定，大约在男 22 岁、女 20 岁才婚配。过去，婚姻都是遵循“父母之命，媒妁之言”，现在已有些变化，自由恋爱多起来了。不过，有的人即便是自由恋爱，最终还是会找一个媒人来从中斡旋一下，以免被传统观念误认为是私通。

除了自由恋爱的以外，许多家庭待儿子接近婚龄时，就会请一个亲戚或朋友做媒人，去为他的孩子找对象。有的也会看准了某家的女儿后，再请媒人去说合，或者有的是女孩家请媒人到他们看中的某男生家中提亲。由媒人为两家穿针引线，介绍双方的家境与个人情况，通风报信。当两家都觉得可以进一步进行下去，就会选个日子并告诉女家然后去相亲。如果觉得不合适，就拉倒重新找。

如觉得合适就可以去相亲。相亲有的地方俗称“望人”。过去并没有相亲的习惯，只能偷偷去看一下，如果被对方宗族的人抓住，还会被人家揍个半死。现在不同了，可以大大方方地到女方家里去相亲。先同女家约定好时间，由媒人陪同男青年去，有时男青年的朋友也一起去，帮助壮壮胆与观察，以后也帮忙出主意。到女方家后，由女方父母招呼在客厅喝茶。此时，女家的父母也观察男青年，并询问其家庭情况和个人情况，有时也会出些难题试试男青年，看他的学识、才智如何。女青年则先偷偷地看一下。女方父母觉得满意，就会叫女儿下楼奉茶见面，或在楼上露一下脸，让男青年见一下，或瞥一眼。在闽南的有些地方，男青年去相亲，要带“红包”去。当女青年奉茶三巡后，男青年要给女青年“红包”。如果里面的钱是双数，表示男青年相中，如果钱是单数，则表示没有相中。而女青年如回赠小礼物则表示愿意，如没有则表示不愿意。在客家人的有些地方，男青年去相亲，也要送“红包”，此钱俗称“脸花钱”。女青年要煮点心和酒菜招待，如果所煮的米粉中加了蛋，并炒“米香”（爆米花）招待，表示女青年相中了男青年；如米粉没有加蛋，没有炒“米香”，即表示不中意。所以相亲也有“小定”（定亲）的意义。

相亲后，如果男女都觉得中意与愿意，这门亲事就算初步定下来。这时男方家庭会正式请媒人去“请庚”，要来写有女青年“坤造某年某月某日某时生”的“庚帖”，请人测算一下，看合适不合适，有否相克等。如合适，就根据女青年的生时日月决定“送定”的日子，并派媒人到女方家商量聘金、聘礼、“结婚料”等事宜。目前聘金都要在四五千元以上（20世纪90年代的标准）。在土围楼之乡的客家人地区，聘金尾数喜欢有“九”，以象征长长久久；而闽南人则喜欢尾数带

“八”和“二”，以示“好八字”、好命、吉利。那些自由恋爱者也多在这时请媒人去商定聘金等问题。

商定好后，就在所选的日子里送去聘金、聘礼等，这通常在婚礼之前不久。在土围楼之乡的闽南人地区，“送定”时，不仅有聘金、聘礼，而且还有金银首饰及五牲等。有的人还会送一个内画着八卦的米筛，待送亲时挂在花轿（过去）或车后，来避邪。过去，会选另一个日子送上写着成婚的日子，新娘出门、入门时辰，吃交杯酒的时辰等的婚帖，现在就在“送定”时一起送上。过去在“送定”时还有写“婚书”的手续，现在则在“送定”后到乡政府办理结婚登记。女方家收到聘金、聘礼后，就开始准备婚礼。他们会用男家送来“五牲”拜祭祖先，告知女儿就要出嫁了。同时把聘礼中的“大饼”（大块的包馅喜饼）送给其“亲堂”、亲戚、朋友，告诉亲友其女儿就要出嫁了。亲友收到这种“大饼”，就会买些东西送来，此称“添妆”。有的就干脆送些钱来，让新娘子爱买什么就买什么。客家人“送定”时，聘金先送一半。另外，他们送的聘礼是“红粄”，这些“红粄”也要转送给女家的亲友，亲友收到后，也会来送些礼物。客家人的另一半聘金则在“请期”时，和“请期”的“十二道帖”一起送去。

结婚前一天，男家要送一些“结婚料”以及祭祀的用品给女家，过去还包括租或借来的凤冠霞帔等。此有的地方也称“起轿”，这是给女家祭祀祖先和在结婚之日办酒席用的。过去轿子、喇叭班也一同去，并在女家过夜。收到这些东西后，新娘要由父亲带着到祠堂向祖宗拜别，回家后还要祭拜天地、神灵等。同样这天男家也有拜祭祖先的仪式举行。

在土围楼之乡的闽南人地区，结婚的这日清晨，新娘要同家人一起用餐。吃寿面，表示夫妻长寿；吃韭菜，表示幸福长久；吃豆干，表示高升和合。另外要准备一小块红糖带到夫家，一半放入水井，一半放进水缸，表示水土相合，夫妻生活如糖一样甜美。新娘打扮一新，还要插上“墨斗笔”（木匠墨斗中的墨笔）以避邪；戴上石榴叶、早稻穗，以示多子，早生子。临出嫁时，还要“哭嫁”，以感谢父母的养育之恩，同时也认为只有这样做娘家才会兴旺发达。出门的时辰到时，新娘由父母或“好命人”牵着出门上车，或撑着伞和媒人、伴嫁娘等走去新郎家。临出发时，父亲要拿一碗水泼过车顶或伞顶，以示泼出去的水不再收回，希望女儿和夫婿能白头偕老。客家人情况差不多。结婚的早上，父母也要办一桌酒菜给女儿饯别，送“扎腰银”和一包糯米粉与鸡心鸡肝给女儿。新娘也要带上一些避邪物如铜镜等及一包花生、枣子之类的东西。出门时辰一到，由父母亲或“好命人”扶上车，或送出门（如果打伞走路去的话），这时新娘也需要“哭嫁”，客家人称之“哭好命”。

在过去，新娘出嫁都乘轿子，而且要一顶红轿、两顶“乌轿”。在闽南人地区，红轿是新娘坐的，在红轿前面是乌轿，一顶媒人坐，另一顶则给“挑灯舅子”坐，里面坐着新娘的弟弟和新郎的弟弟。轿上挂“舅子灯”和“迎亲灯”，从新娘家点亮后送到男家，象征新娘早日添丁。新娘的轿子里面还要随身带几个桶和火笼，轿后挂着避邪用的米筛。有的地方的客家人情况有些不同，他们是两个小舅子一人乘一顶挂着风灯的乌轿在前面开路，而媒人则跟着走。

另外，客家人的结婚队伍前还有一个人“拖青”。他拖着一根连根带梢的竹子，竹头部用红带子吊着一块猪肉，意为“清秽”，为结婚队伍扫邪开路。该竹子的枝丫需要每节都有两杈，此意为成双成对。竹子也寓意节节高，竹根能生笋，象征传子带孙。竹子连根带尾，象征婚事能善始善终、白头偕老。猪肉也称“带食禄”，象征着给新婚夫妇带来福禄寿。也有人认为这是因为过去山区野兽多，如遇到野兽，就可以把肉丢给它吃。如果野兽吃了肉，就不会伤害新娘，这就逢凶化吉。如野兽不吃，再用竹尾扫过去，就可以把野兽赶跑。现在“拖青”的竹子已不用了，而是改用一棵较小的油茶树，放于所挑的嫁妆上，或绑在汽车上。过去的嫁妆以家具、床上用品、日常生活用品和祭祀神灵和祖先的用品为主。而现在多是电视机、电风扇、摩托车、缝纫机等家用电器和物品，条件好的还陪嫁液化气炉具与液化气罐、电冰箱、洗衣机等。

到新郎家门口，要在入门的时辰里进大门。由一个男童手捧一个上搁两颗柑橘的茶盘请新娘下轿（车），以示吉利。然后由一位夫妇双全、子孙满堂的“好命”妇人牵着新娘跨过门槛外的火盆进门。“跨火盆”时，这位“好命人”会念：“跨火熏，年年春，隔年抱一个查埔（男子）孙”；或“跨得过，夫妻和好百廿岁”。进大门后，先在大厅中拜堂，然后进洞房。俩人要并肩坐在一张铺着一条裤子的长凳上，意思是俩人同穿一条裤，同心同德。然后，由“好命人”给他们端来染成红色的汤圆，先从各人的碗中夹一个吃，然后换碗再各吃一个，此作为“交卺礼”。“好命人”在夹汤圆给新娘、新郎吃时也需讲好话。中午婚宴，在洞房中开一桌只有12道菜肴的“新娘桌”，象征一年十二个月，月月团圆美满。新娘的伴娘和新婚夫妇同桌共饮。吃时新娘不动手，由“好命人”给她夹菜，边夹还得说吉利的顺口溜，如“吃猪肚，好性素”；“吃猪心，恩爱结同心”；“吃猪肝，新郎发财做大官”；“吃鸡，百岁和合好夫妻”；“吃青菜，大吉大利随时来”；“吃鸭脚，新郎明年做爸爸”；“敢吃咸，千子万孙个个贤”等。外面的厅堂中则请男家的亲戚，晚上再设宴请男家的“亲堂”。宴后有的还会闹房，不过，去闹房的人都要能“念四句”，也就是会念顺口溜者才敢去闹房。客散后，新夫妇俩还要吃用新娘带来的糯米粉做的汤圆，此叫“合房圆”。

第二天，新娘要早起，向公婆请安“拜茶”。第三天，新娘要下厨摸筷筒、搅泔水桶、喂鸡，并象征性地煮些东西。然后带些“大饼”、糖果等和夫婿一起回娘家，这叫“做三日客”。当日返回，带回一对童子鸡和两根有头有尾的甘蔗和米糕。回夫家后，把鸡扔到床下，看是雄的先出，还是雌的先出，以预测将来先生男孩还是先生女孩。甘蔗则表示有头有尾，甜甜蜜蜜，其竖于洞房门后。做了这“三日客”，婚礼才算是结束。

客家人的情况差不多，但跨火盆进大门后，新娘会把随身带的花生、枣子、糖果撒在厅堂地上，让看热闹的小孩去抢拾，以暗示早生贵子，生活甜蜜。拜天地后入洞房，待中午婚宴后才吃交杯酒，除了鸡、鱼外，他们用一个蛋一剖俩，每人吃一半，或一个蛋一人咬一半。然后，喝交卺酒，各人先喝一口，对换了杯子后再各喝一口，主持人则在边上说好话，祝福他们。客家人返娘家一般是在第二日或第四日，其称“做头趟客”，娘家除送童子鸡外还送发糕。

（五）丧礼

土围楼之乡的客家人和闽南人的传统观念中都认为人死后就成为祖先，他们会在另一个世界中生活，为了让他们顺利进入另一个世界，所以也有一些过渡仪式。

1. 打厅边、成敛

在土围楼之乡的闽南人中间，当老人快咽气时，要把老人移到厅堂中，并做一些办丧的准备工作。当老人咽气后，要去“乞水”给其洗身，换上7层到11层敛服，盖上“水被”，在其脚下点盏“脚尾灯”，供上一碗“铺头饭”，并在灵坛上摆上“云帛”。有的要出殡前才入棺，有的则先移入棺内，但不钉棺。同时布置灵堂，派人去报丧。在土围楼之乡的客家人地区，当老人咽气后，才换衣从内堂移至厅堂的棺木中，并设置灵堂，用幛帷遮住棺木，灵坛上暂不设灵位，以便棺殓，也表示暂不以死待其人的意思。通常都得待外家的人来吊唁后才能钉棺。

2. 报丧

当一位老人一断气，尤其是老太太一过世时，一方面要有人准备办丧的事务与物品，一方面也要马上派人去报丧。因为民谚说："父死扛去埋，母死等人来"，一定要等到她娘家的人来吊孝后才能钉棺。去报丧要先写"丧帖"，其用白纸写，上为：某人于某月某日时不幸仙逝，某日某时要开道场超度灵魂，某日某时出殡入土，落款写不孝男、孙哭拜等。派人送到外家、出嫁的姐妹、女儿、侄女家等。接到丧帖的人家，要给报丧的人吃红蛋、送红包，禳解一下。同时准备"三牲"、挽联（将白纸写的挽联贴在五尺布上）等奔丧礼物，一般最迟在第二天就得到丧家吊丧。

3. 择地

丧家在老人过世后，在准备办丧和报丧的同时，也要请地理先生带上罗盘，按丧家的意向，结合山头的方位与年庚利否等，以分金择定坟址、高低与坐向等，然后请"土工"挖坑或挖洞，并准备石灰等做坟的材料。

4. 成服做功德

老人过世后，丧家一般都会请道士来“做忏”或“做功德”。这一般会在家的大门外或土围楼的天井中，搭一个棚子，道士在里面建起神坛。而此时土围楼的厅堂则作为灵堂，内会设一“灵坛”。但如果没有厅堂的住家，则在外边的棚子中设灵坛。神坛要挂上“三清”（元始天尊、灵宝天尊、道德天尊）等的神像，安放一张上加一张小桌的神桌，上面小桌供奉“三清”，香炉里插三炷香；下桌则放着“忏斗”、经书、法器、香炉、死者的画像或照片，香炉中插两炷香及两根蜡烛。灵堂和土围楼的大门上要贴一些用白纸做的“幛帘”，上剪出“寿字纹”、“万字纹”等。“灵坛”中供着为死者做的灵屋，前放置“三牲”、几盘堆得高高的寿面，几碗各插一双筷子的白米饭。前放着纸扎的金童、玉女。孝男孝女披麻戴孝。客家人儿子身着白衣，腰上系麻索，脚穿草鞋，头戴俗称“牛笼头”的“麻箍”。媳妇身着白衣，腰系麻索，头戴“麻箍”，脚着草鞋。女儿身穿白衣，头上戴一边长一边短的三角“白盖头”。女婿则左臂系头白。其他人较随便，现多只在手臂上挂黑纱表示哀悼。在土围楼之乡的闽南人地区，孝服有些差异。孝子身着白衣，外套麻衣，腰系麻索，头系加小块麻的“头白”，或戴俗称“麻甘头”的“麻箍”，脚着草鞋。媳妇身着白衣，外着麻衣，腰系麻索，头戴三角“麻盖头”，脚着草鞋。女儿身着白衣，头上戴三角“白盖头”。女婿身穿白衣，头白加红。侄子辈头白加红；孙子辈头白加青。亲戚左臂上扎条头白。

5. 守灵凭吊

开孝成服后，子孙要守灵，一般情况下不能随便离开灵堂，连三餐吃饭都得坐在灵堂的地上吃。守灵的人不准谈笑，不准吐口水，不准喝酒，要保持肃穆。守灵要守到出殡，有的一二天，有的三四天。外家来吊丧，全体守灵人要到门口跪接、悲哭，表示哀悼和尽孝道，要等外家的人扶你才敢起来。守灵的男子在守灵前要赶紧剃头。否则要 49 天后才能剃头，女的也不能梳洗，要披头散发，也不能洗脸、洗澡，以示尽孝。守灵期间，亲朋好友都会来祭奠死者，守灵者要跪着陪祭。

6. 开道场“做忏”

在守灵期间，道士要做道场。道士念经，并领着孝男孝女们一遍又一遍地绕道场，三跪九叩，献祭。在夜晚，也必须做一夜道场。在土围楼之乡的客家人地区，如湖坑镇此称

“做夜忏”，或做“一夜灯火光”。道士要做“挑经”、“廿四孝”、“过十殿王关”、“目莲救母”、“十月怀胎”以及“打火花”等节目，一直闹到天亮。尤其是“打火花”节目，比较有特色。其由两个短装打扮的道士从事，他们各自手拿着一把火把，上下挥舞，左右摆动，翻腾跳跃，前后穿梭，在黑暗中舞来舞去，只见火光闪闪，奔腾流动，象征着黄泉路上的艰辛。

在土围楼之乡的闽南人地区，“做功德”仪式有：“祷社”、“放榜”、“至接”、“竖幡”、“望山施食”、“拜表”、“弄鹤”、“拜血盆”、“宣讲孝义”、“解愿”、“烧库银”、“烧大厝”，也延续到夜里，但有的地方称此为“烧脚尾库银”。道士需一遍遍地念经，并吟唱诸如“十月怀胎”、“目莲救母”等，但没有“打火花”的仪式。守灵者跟着做仪式，在空隙时，则在那里准备库银，即用银纸折叠成银锭状，待天蒙蒙亮时，到河边烧给死者，以便他（她）到地狱时使用。

7. 出殡

出殡是丧事的高潮。出殡之前要按时辰钉棺、起棺，有的在出殡前还有“转西风”、祭奠的仪式。出殡也需按时辰出发，通常队伍都相当长。在土围楼之乡的闽南人地区，出殡队伍中，女婿或孙女婿在前撒纸钱，其后为铭旌，再来是挽联、花圈、童幡、灵亭（遗像）等，接着铜乐队或锣鼓队、道士，此后为女婿或孙女婿献金银，然后是8人抬的棺材，棺材上有条长布条的“龙尾”，孝子等挽住“龙尾”跟于棺后，后面则是铜乐队、锣鼓队，送葬的亲堂、亲戚、朋友等。而在土围楼之乡的客家人地区，送葬队伍为旗、挽幡、灵轿、锣鼓喇叭队、香炉、凉伞、棺木、送葬的子孙、亲堂、亲戚、朋友。其中长子捧香炉，长女婿撑伞，和闽南人有些区别。

到村外或山脚下，除了孝子等外，一般的送客不跟到坟地上。在孝子们的跪拜叩谢下，返回村子。而孝子等则到墓地，由道士在墓前“呼龙”后，下棺。由孝子用衣襟盛土，围着棺材培土后，再由“土工”把原在墓地上准备好的石灰与土搅拌后盖于棺上做坟包。坟包粗粗堆好后，孝子们再祭拜一番，并把草鞋等丢在墓地上，或连银纸一起化掉，有的连灵屋、钱箱等也在此化掉，(有的在“做功德”时化掉)，然后下山回家。坟墓就由“土工”负责做好。

孝子们回到家，要设宴请送葬的亲堂、亲戚、朋友和帮忙的人，特别是抬棺的人。在闽南人中，此宴中必有“红糟肉”，如有的人没有来赴宴，要把这“红糟肉”送到他家，给他禳解，化解因参加丧事的“衰气”。在客家人中，则请参加办丧的人吃红蛋。他们把红蛋放于小碗中，并斟上酒，称“财食”。凡参加丧事者都要吃一碗，既表示答谢，也表示禳解、利市。忘了给“财食”的，也要给人家送去，并当面说：“身体健康”、“丁财两旺”等好话。

死者入土后，丧家的亲人需要戴孝，此称“戴手尾”，这要按不同的身份戴不同的孝，以区别五服。如孝子、孝妇戴一小块麻在身上，孙子则在手上戴一青布条手环。同时，每隔 7 天要在土围楼的厅堂中或祖厅、祠堂中祭祀一下死者。“七七”49 天做了“满七”后，才算孝期告一段落，子孙才可以解掉手尾，外出做生意或做工，葬礼至此才算结束。

在祖先牌位的归祠方面，客家人与闽南人也有一些不同的做法。对客家人来说，在埋葬结束后，就要把死者的神主归祠。有的人一埋葬完死者，就会到祠堂中，把死者的名讳“上座”到祠堂的集体牌位上，或者已有名讳在上的，则把名讳上贴住的红纸条撕掉，让死者归祠。有的在隔天才做此仪式。而对闽南人来说，他们会把从墓地带回来的一块土，做成底座，上插“云帛”，先供在土围楼的厅堂中，待“对年”时才换成木制的牌位，然后祭祀一下，这才把木制的牌位送到自家所属的祖厅中供奉。

九　土围楼之乡的民间信仰

民间信仰是一种泛布性的宗教（diffused religion），它包括岁时祭仪、神灵崇拜、祖先崇拜、鬼灵崇拜、占卜风水、符咒法术、禁忌等仪式，虽没有正规的教义、经典、教阶等级、教团组织，但它和人们的日常生活的不同层次紧密地联系在一起，而成为人们日常生活的一个组成部分。

（一）村神崇拜

在土围楼密集分布的地区，村落多沿着溪流分布，或建立在一些有山泉而又背风的小山坳中。在这些村落中，每一个村落都有他们自己的村庙，这些村庙绝大多数设立在村头，忠实地守护着村落。如果村落沿溪流设立，那么往往在村头的溪边会设立一个村庙，而在村尾的溪边也会设立一个村庙。如果村落建在小山坳中，那么村庙多建在进出小山坳的地方。

永定区的湖坑镇是个土围楼之乡，该乡的湖坑村坐落在金丰溪上游的南溪与丰盛河的交汇之处。丰盛河从古竹乡大坪山发源，向南流经洪坑村进入湖坑镇，在岐岭乡的丰村汇进金丰溪。南溪发源于湖坑镇实佳百公凹大山，向东北流经南江村、南中村、新南村、洋多村、下南溪村到湖坑村汇入丰盛河。南溪和丰盛河的交汇处称合溪口，是从县城进入湖坑村的村头，以及南溪和丰盛河流经的水尾，因此在这个合溪口的南岸，村民建有合溪口民主公王庙；而在合溪口的北岸的宫背村村口则建有马额宫。

根据传说，马额宫是由当地李姓的八世祖始建的。当地耆老云：明代洪武初，湖坑李姓八世祖积玉公在宫边岗上的树下乘凉，忽然发现树顶香烟缭绕，当即跪下求告，只见香烟中现出“康太保刘汉王”6个大字，于是就在此建了一座庙。由于宫边岗地形似马，庙又建在马的额头，故命名庙为“马额宫”。根据现庙内石香炉上有“大明洪武，湖坑里信士李明淑施石香炉一座，祈保永远平安大吉，洪武戊申年(1368)正月十五立”的镌刻看，该庙应该建于明代以前。从庙内旧有的四根“点金”石柱上镌有“沐恩弟子李锡春敬奉”，“沐恩弟子李仕球”，“沐恩信绅李谦光合家敬奉”，“沐恩信生信士余寿士、余定源敬奉”的情况看，建庙的是李姓与余姓合作，而不是李姓独立建造的。同时也表明，当时迁居湖坑的李姓不止李积玉一支。马额宫的正殿中，供奉着刘汉公王刘子远，其左右为大夫人和二夫人，其前各有一位判官。左龛供土地，右龛供着惭愧祖师。马额宫大门外的右边还有一座神庙，正中供奉保生大帝吴本（音 tāo），左龛供奉本头公王和广泽尊王郭忠福，右龛供奉广济祖师杨义中。

在合溪口下游长滩的丰盛河南岸则有丰盛庵和妈祖庵。丰盛庵又称牛皮石庵、石壁庵、湖坑水口庵。据说始建于明代万历二十二年（1594），也是由李、余两姓的善男信女捐资共建的。初建时旁边也建了一小庵，以供奉圣母娘娘（妈祖）。“文革”时庙被拆除，1985 年重建。现丰盛庵和妈祖庵由尼姑管理，丰盛庵正殿供奉三宝佛祖（后排），正中为观世音菩萨，其两旁为文殊、普贤，神案上供着吉祥阿哥（主生育的神灵，求子时，在祷告后摸其小雀雀或从小雀雀上刮些粉泡水喝，据说能生儿子），供桌上供弥勒佛，正殿前的佛龛中则供着韦陀。丰盛庵旁边的妈祖庵中，正中供奉妈祖及千里眼、顺风耳，左龛供着五谷菩萨。

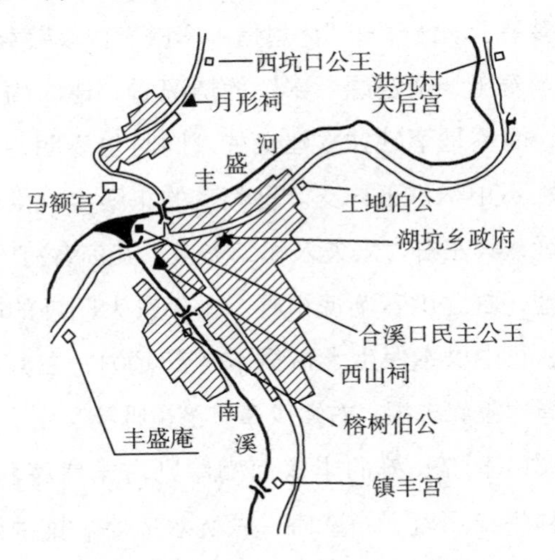

图 28：福建省永定区湖坑村宫庙、祠堂分布示意

在湖坑村与下南溪村交界的水口则有一座镇丰宫，宫内供奉的是在漳州府平和县三坪成佛的广济祖师杨义中（俗称三坪祖师公，当地俗称“师公”）。从该庙中的一块匾额上写“清道光拾壹年辛卯岁腊月吉旦，遐迩蒙休，沐恩弟子余华元敬立”的情况看，该庙始建于清代中期。另外，在湖坑村新街到石灰坑的路口有土地伯公小庙。在湖坑的西片村溪边的大榕树下，有一个榕树伯公小庙。由于马额宫处于宫背村的

水口，所以马额宫也是宫背村的李姓的水尾庙，而宫背村往下黄村的路口则有一民主公王小庙——西坑口公王庙，是该村的另一个水口庙（图 28）。

有着著名土围楼福裕楼和振成楼的湖坑镇洪坑村的村庙分布情况也一样。洪坑村位于湖坑镇和古竹乡的交界处，其村落是沿着丰盛河两岸在溪谷中展开，分为上村与下村两部分。在下村的路口建有天后宫。该宫面阔 5 间，前后两进，前为门厅，后为正厅神殿，内供奉着妈祖林默娘和千里眼、顺风耳的塑像，以及妈祖父母亲积庆公、积庆夫人的神位。大门上的对联曰："垂母范以济慈航西方有佛西河有圣，膺龙纶而光谱系九天为后九族为姑"，该村人认为，妈祖是西河林姓的骄傲，是九牧林的姑婆，所以该对联显示该村的居民是九牧林。因此，该村也称妈祖为"姑婆太"。在上村通往溪口村的路口，则建有一座保生大帝庙，内供奉"保生大帝吴公真君"和文昌帝君。此外，在该村的上村与下村之间则有一民主公王庙和一土地伯公庙。

不仅土围楼之乡的客家人地区如此，土围楼之乡的闽南人地区也是如此。如南靖县奎洋镇店美村的居民是闽南人，当要进入该村时，就要先经过一座庙宇。该庙宇名圣龙宫，内供奉保生大帝、三宝佛、神农大帝、中坛元帅等。而且在要进入店美村的桥边还有一座小土地庙。店美村的店仔尾社则有供奉玄天上帝的凤兴宫；观音小社有供奉观世音菩萨的芳石宫。又如南靖县金山镇新村有横坑、半径庵、后溪、内楼、内角、下半径学仔、外角寨仔等自然村（社），每个社也都有自己的村庙。如横坑社有供奉保生大帝的朝阳宫；半径庵社的水潮宫也是主祀保生大帝的；后溪社有供奉观音的亭仔庵；内楼社的石龟亭也供奉观世音菩萨；内角社有供奉玄天上帝的长兴宫和供奉土地公的兴福祠；下半径学仔社则有供奉林太师公（殷比干）的云龙堂等。

综上，可以看到，在土围楼之乡，各村落的村庙多建立在村口，而且每村所崇拜的村神不尽相同，如湖坑村崇拜的是刘汉公王、惭愧祖师、民主公王、本头公王、保生大帝、广泽尊王、广济祖师、三宝佛祖、观音菩萨、妈祖、五谷菩萨、吉祥阿哥、土地伯公、榕树伯公等。洪坑村崇拜的是妈祖、保生大帝、民主公王、土地伯公、榕树伯公。闽南人的奎洋村崇拜的是观音菩萨、保生大帝、神农大帝、中坛元帅、土地公、玄天上帝等。新村供奉的有观音菩萨、保生大帝、玄天上帝、土地公、林太师公等。这表明一个村落在崇拜或供奉什么神灵的问题上，有着自己的主位选择，这种选择往往同该村人们历史上的某些偶然事件有关。

其次，从上面的情况也可以看到，总的趋势是：闽南人与客家人的崇拜对象有的是不同的，客家人所崇拜的民主公王、榕树伯公、吉祥阿哥、本头公王，刘汉公王、惭愧祖师等，闽南人没有崇拜。客家人称土地为土地伯公，而闽南人称土地为土地公，客家人称神农为五谷菩萨，闽南人则称神农为神农大帝。

其三，由上述也可以看到，闽南人与客家人所崇拜的神灵也有一些是相似的，这就是客家人、闽南人都崇拜三宝佛祖、观音、妈祖、保生大帝、广泽尊王、广济祖师等。不过，由于保生大帝成神是在泉州府同安县的白礁，广泽尊王郭忠福是泉州府南安县的“境主”，广济祖师成神的地方是漳州府平和县的三坪，妈祖成神是在莆田的湄洲岛，他们原都是闽南地区主要的崇拜对象。这些在闽南地区生成的神灵、闽南人崇拜的对象，也受客家人崇拜，反映了闽南人的文化对客家地区有着深远的影响。

（二）家神崇拜

在土围楼之乡，不仅村村有村庙，而且每一座土围楼或四合院中也都供奉有神灵，这就是家神的崇拜。

土围楼之乡的客家人地区，几乎每个村落都有自己的祠堂。如湖坑村的李姓有西山祠、月形祠等；洪坑村的林姓也有他们的林氏家庙。而且，客家人一般都有不在家中放置祖先牌位的习惯，人死埋葬后或做了“头七”，就会把死者的魂魄归到祠堂中。所以，客家人的土围楼中一般没有设置安放祖先神主的祖厅，而是设置待客或处理土围楼内家族婚丧活动的大厅。除此外，客家人的土围楼多设有神厅。例如，湖坑镇洪坑村的振成楼外环楼楼下与大门相对的后厅，就是该楼的神厅。它是一个没有门的敞厅，与内环楼的大厅有两道一面封闭一面敞口的走廊相连。在振成楼神厅后墙的正中，有一凹进墙里的神龛，内供奉着观世音菩萨，神龛的两旁有“振刷精神功参妙谛，成就福德果证菩提”的对联，其上的横联为“观自在”。神龛下面摆着一张神案，上放着祭祀观世音菩萨用的香炉；而在神厅的敞厅口上也摆着一张供桌，上面也有一只香炉，这是一个“天公炉”，是拜祭天公专用的。其次，在土围楼中每一家的厨房灶头上，一般都会贴着灶王爷的神位。例如，在振成楼一间厨房的灶头墙上，就贴着一张写在红纸上的灶王爷神位：“奉安东厨司命灶君尊神之位”，并且在灶王爷神位的两旁还写有“招财童子”、“进宝郎君”的名号，而在灶王爷神位旁则贴着对联，其曰：“香篆平安字，灯开富贵花”；其上的横批为“神光普照”。

湖坑镇下南溪村的振福楼也一样，该楼的神厅也是正对大门的后厅。神厅半墙装饰着连线万字纹，后墙的正中也挖出一长方形神龛。神龛内装饰了一圆拱，上饰有勾连卷云纹等，圆拱旁还画有宝瓶月季花，象征四季平安。圆拱内供奉的是一尊瓷塑金装的观世音神像，其前放着一个香炉、一盏油灯和三只茶杯。神龛外挂着幔帐，龛外的对联为“西方竹叶千年翠，南海莲花九品香”，其上的横批为“慈云法雨”。神龛下放着一长条形的神案，而在后厅的敞门口则放着一张供桌，上放着一个天公炉。在有的大型的土围楼中，像这样的神厅甚至不止一个，如永定区抚市镇的永隆昌楼就有三个神厅，其分别供奉着观世音菩萨、魁星公以及药王先师。此外，有的土围楼会把天公炉放在大门口；有的土围楼则在外墙大门旁挖一小龛，放一土地伯公香炉；有的则在大门内的门楼内设置土地伯公的小神龛。如湖坑镇湖坑村东片自然村的上盛楼，楼下的神厅供奉的是广济祖师（三坪祖师）杨义中，而大门内的右边墙上则有土地伯公的小神龛。

在土围楼之乡闽南人地区的每一座土围楼中，除了家家户户的厨房灶头上有灶王爷的神位外，楼中也都设有神厅以供奉神灵。如南靖县金山镇新村的龟仑寨楼内就设有神厅，其内供奉着关帝圣君、土地公等，敞厅口也有天公炉，以便祭拜天公时专用。该村的保安寨楼内也同样有神厅来供奉神灵，他们供奉的也是关帝圣君、土地公。又如南靖县和溪镇林坂村龙德楼一楼的后厅为供奉祖先牌位的祖厅，而该楼四楼的厅堂则是该楼的神厅，内供奉保生大帝、观音和土地公，其敞厅口也摆有供桌，上放置天公炉。

闽南人建造的土围楼较多的是单元式的土围楼。在这种土围楼中，每个单元中几乎都设置有神厅，除了供奉神灵外，有的也供奉本支四代以内祖先的忌辰牌或牌位外，也常会供奉神灵。如华安县仙都镇仙都村大地社二宜楼各单元的四楼就是作为各户的厅堂，除了供奉祖先忌辰牌或神主牌外，也供奉观音菩萨、土地等神灵，而他们的天公炉，有的是在厅口放一张供桌来摆放，有的就干脆放在四楼的窗沿上。

总之，在土围楼之乡，不论是客家人还是闽南人，在土围楼中都有着家神的崇拜，所供奉的神灵同样也有自己的主位选择。所以，除了大家都供奉的灶王爷外，每座土围楼中所供奉的主神也不一定一样，有的是观世音菩萨，有的是关帝圣君，有的是保生大帝，有的则是土地公，有的也可能有好几尊。其次，通廊式的土围楼多数楼内只有一个神厅，而在单元式的土围楼中，每个单元中都可能有供奉祖先与神灵合一的神厅。由于客家人多通廊式的土围楼，闽南人多单元式的土围楼，所以闽南人与客家人的家神崇拜也就有着一些差异。

（三）避邪、驱邪

洁净的生存空间是中国人秩序化生活的保证，为了生存空间的洁净与秩序化生活，土围楼之乡除了在村口设立神庙来抵挡和驱避水口来的邪气、煞气，以保证村落界内的洁净外，也通过看风水选址，选日子时辰安大门、上大梁、安厝、谢土仪式等，来保证土围楼内居住空间的洁净。同时，也通过在土围楼中设立神厅以守护楼内居民的洁净与平安，以及通过祭祀孤魂野鬼、神灵、祖先等仪式，和某些年节中的以某些仪式手段，如端午节挂菖蒲、艾枝、桃枝、榕树枝等，戴香袋，缚五色丝线，点雄黄，烧“苍术”、“香柴”等来防止“肮脏”之物的侵扰，和驱逐邪气、煞气。这些都是避邪、驱邪的一种，但还不是避邪、驱邪的全部。为了洁净生存空间与过平安顺利的秩序化生活，在土围楼之乡还有许多其他的方式和物品，可以用来预防邪气、煞气或“肮脏”之物的侵扰，达到避邪与驱邪。

避邪、驱邪、制煞，有的是预设的。例如在建造土围楼时，打石脚就要先在石脚坑内安放“五星石”；安放楼棚的横梁只能用单数而不能用双数；在邪气、煞气多的空旷地方建造能驱避邪气、煞气的圆形土围楼，以及日常生活中的禁忌等，都是以某种方式预先去防止可能的邪气或“肮脏”之物的侵犯。尽管这种邪气、“肮脏”之物以及它们可能对人们生活秩序的侵害主要是观念中想象的，人们也会不遗余力地想尽一切办法去做，去驱避。

另外，还有一些避邪手段是针对观念中认为的某些已出现或已存在的邪气、煞气而设置的。如土围楼的大门是土围楼与外界交通的孔道，也是所谓的邪气、煞气或“肮脏”之物容易侵入的地方。所以，大门上就常有许多避邪物品，以防止邪气或“肮脏”之物入侵。例如，大门的门环座有的会设计成八卦形，如平和县霞寨钟腾的世大夫第和龙岩市适中镇的瑞云楼大门的门环就设计成八卦形，上还刻着八卦的符号。有的大门上则有“门珠”或“门簪”，有圆形与方形两种。如华安县沙建镇的齐云楼、升平楼、仙都镇的二宜楼、漳浦县深土镇的锦江楼、平和县卢溪镇的联辉楼、永定区湖坑镇洪坑村的福裕楼都有方形的“门珠”。永定区古竹乡承启楼、高陂镇大堂脚村的大夫第、平和县卢溪镇的丰作阙宁楼等则有圆形的“门珠”。“门珠”有的是素面的，有的则刻有吉祥的图案或花纹或文字。如锦江楼的“门珠”上刻着“万字纹”；联辉楼的“门珠”上刻着篆体的“诗礼传家”四字。有的土围楼特别是方形土围楼的大门直对着小路，或正对着山凹时，人们也可能在大门上安放一面小镜子或八卦，或在大门边的墙上设一土地公小神龛来抵御邪气的入侵。例如湖坑镇洪坑村瑞蔼楼的大门门券上有两个圆形的“门珠”，其上还贴了一个八卦，来抵御路冲或煞气。

还有的土围楼采取在大门前建围墙，并在与大门不同的方向开设外大门，或在大门前设立照壁等的方法来避开邪气、煞气。例如永定区湖坑镇洪坑村的福裕楼，除了大门和两个侧门及外大门上有“门珠”外，还在大门外的晒谷坪四周建有围墙，外大门侧开于东北，与大门几乎成 90 度角。同时，在围墙正对大门的正中部位处，福裕楼的主人修了一段照壁，照壁上还特意修成飞檐形状，用来挡住邪气或煞气对大门的冲犯。这种建围墙的方式，不仅方形的土围楼这样做，而且有的圆形的土围楼也这样做。如湖坑镇下南溪村的振福楼就在主楼的大门外加修了围墙，并使外大门略与主楼大门有些偏移，以避免邪气直冲。另外，振福楼还在主楼的大门口安置了一对守门狮子来防止邪气、煞气。有的土围楼设有附楼，这时，往往会把附楼的大门开在中轴线的一侧，使其与主楼的大门不在一条直线上，这样就不会形成从附楼的大门直通主楼大门的现象，从而获得避开直冲的效果。例如南靖县苏阳镇和贵楼的附楼大门就是开在中轴线的左侧。此外，有的大门还用贴门神的方式来驱避。

除了大门最容易受到邪气、煞气的侵犯，需要避邪以外，土围楼的墙体也容易受到邪气的侵蚀，尤其是方形土围楼更容易犯冲。这是因为人们认为在山区的自然环境中，或在村落社区中，存在着许多造成“直冲”的条件，如山凹、山口、小路、小巷或其他房屋的屋角等。而方形土围楼有明确的四个面，除了大门一面外，其他的墙体也容易正对山凹、小路、小巷或他人的屋角。所以，当土围楼的墙体正对他人屋角或正对笔直的小路、小巷或山凹时，人们就会采取一些避邪的手段。石敢当与狮面吞口、虎面等是最常用的对付手段或物品。

例如，永定区湖坑镇湖坑村上宫背自然村的源昌楼的后墙正对着远处一道冲着该楼而来的水沟，所以，他们就在后墙正对该直冲水沟的墙上，安置了一块上面用墨笔写着“泰山石敢当”字样的木板石敢当以防冲、制煞。平和县霞寨的西爽楼墙上也犯冲，所以有一石敢当来制煞，不过，它是刻在一块石板上的。又如湖坑镇洪坑村的景阳楼背山面溪，但其正面墙的右边墙由于正对着对面山的山凹处，所以就在该墙上正对山凹处塑了一个狮面吞口，来抵御邪气的侵蚀和制煞。而南靖县船场镇的沟尾楼由于屋角正对小路，由于怕“路冲”和煞气，所以，用把方形土围楼的四角抹圆的办法来预防煞气与邪气的冲犯。有的则是在屋角的屋脊上面对直冲的方向安置风狮或白色的瓷公鸡来抵御煞气或邪气。如湖坑镇上宫背自然村的一座土围楼，由于一个屋角正对着一条水沟，所以在正对水沟那面的屋脊上安放了一只白色的瓷公鸡，来防止煞气对其的侵害。因为，在当地，人们认为白公鸡具有制煞的功能，所以在一些驱邪的巫术中，都需要用白公鸡的血来制煞。如上大梁时需祭梁，这时就需用白公鸡来血祭。

在土围楼之乡的地方知识体系中，煞气、邪气是一种非常厉害的超自然力量，有时连神灵也奈何不了它们。所以，有时，即便供奉了神灵，也还得加上一些避邪的手段，否则连神灵也不能自保。因此，有的土围楼中在神龛中也安放避邪物，如镜子什么的。例如湖坑镇下南溪村振福楼的神龛中，虽供奉着观世音菩萨，但也在其上安置了一面镜子。又如洪坑村的振成楼也是这样，该楼神龛所供奉的观世音菩萨头上，也安置了一枚圆形的镜子，来加大抵御煞气、邪气的力度。

（四）祖先崇拜

祖先崇拜也是民间信仰的一个组成部分，它一般包括牌位崇拜和坟墓崇拜两大类，而牌位崇拜又可以分为厅堂牌位崇拜和祖祠牌位崇拜两类。

1. 牌位崇拜

牌位崇拜指对祖先牌位的崇拜。在土围楼之乡中，闽南人与客家人的祖先牌位崇拜形式上有些区别。闽南人的祖先牌位有两种形式，其一是个人牌位，即一对祖妣合一的单独牌位。其二是“集体牌位”——总牌。而客家人的祖先牌位只有一种形式，即只有“集体牌位”。因此，两者供奉的形式也有些不同。

即便是在土围楼之乡，客家人的祠堂都是平房，有的为前后两进的四合院，有的则只有一间歇山顶的三开间建筑，有的则是四合院加护厝的大厝。有的在门外还竖了许多尖端为笔尖与狮子的“石笔”，表示该祠堂出过一些文武人物。在客家人的祠堂中，神龛中只供奉一块黑底金字的“集体牌位”。例如永定区湖坑镇的湖坑村，是个客家人的土围楼之乡，那里生活着李姓客家人。在湖坑村，李姓现存两个祠堂，一为月形祠，一为西山祠。月形祠始建于明代正统五年(1440)，是在湖坑李姓第八世祖积玉公开基所建的房屋基础上建成的，由九世祖贵霖公完成。祠堂在宫背村后，1986 年重建，为前后两进的四合院式歇山顶平房建筑。后堂厅为正厅，内有供奉祖先牌位的神龛，神龛中只有一块黑底金字的“集体牌位”，上写着：陇西八世祖考积玉公太，妣余老孺人；九世祖考贵霖公太，妣林老孺人；十世祖永康公太，俞一娘；永佑公太，赖老孺人；永稠公太，吴老孺人；永宁公太，邱老孺人；十一世祖……一直到记载到现今的廿三、廿四世人。因此有的人的名字上还贴着红纸条，这表示那人名字虽上了牌位但仍活着，待其过世后，把魂魄“归祠”后，这才把红纸条撕掉。神龛的对联为："富贵双全，财丁两旺"。联头有福寿二字，后轩门上有忠孝二字。神龛下有神案，上放着香炉，前则有供桌，可以让祭祀祖先者摆放供品等。

西山祠坐落在合溪口附近，现为前后加左右护厝的两进四合院歇山顶平房建筑。初建时是由十二世祖西山公买地，十三世祖梅冈公动工兴建，1986年重修，现供奉的是西山公派下的历代祖先。该祠中也只有一块黑底金字的集体牌位，其从十二世祖西山公记起，一直到廿三、廿四世，同样有的人的名字上贴着红纸条。由于西山公是九世祖永佑的后裔，而且目前湖坑村的李姓多是西山公的派下，所以，西山公的派下死后"归祠"都归到西山祠。湖坑其他支派的李姓，当过世后"归祠"，就归到月形祠。

湖坑的李姓，当一位老人过世举行葬礼入土后，孝子等就要到祠堂中"上座"，祭告祖先，某某人已经过世，让他在祠堂的集体牌位上按其辈分添上名字，安排一个灵位"归祠"。如原在牌位上有名字的，则在这"上座"归祠时，把原先贴在名字上面的红纸条撕掉。正因为这样，湖坑李姓在家中就没有再设个人牌位，因此，为死人所做的"三朝"、"头七"、"二七,"、"三七"、"满七"以及"对年"和以后的"忌辰”都是在祠堂里做。另外，年节的孝祖也都在祠堂里从事。只有过年时，在土围楼的大厅中挂起祖先画像后，才会在土围楼中祭祀祖先。

在土围楼之乡的闽南人地区，其祠堂也都是平房，或为两进的四合院，或者两旁加有护厝。闽南人的神主牌位有两种，一是个人牌位，另一是总牌。闽南人的老人过世举行丧礼时，会先用白纸写一个“云帛”，“对年”后再改为一木制的个人神主，送到祖厅供奉或放在家中的厅堂。这主要决定于该支派是否有祖厅。如果其家族有自己四代以内的私祖厅，就放在这种近世系的私祖厅中。如没有这种四代以内的私厅，而有世系更远的祖厅，则放在那里。如果这两种祖厅都没有，则放在自家的厅堂中．很少把个人神主放于该宗族的祠堂中。因为，在祠堂中往往只放开基祖和最多前四代人的个人牌位。换言之，在闽南人的一个宗族中，由于房派分得较多，每个房派都会有其放置派下人牌位的祖厅。因此，对闽南人来说，整个宗族的家庙才称祠堂或称大宗，而房派的家庙则称祖厅、祖厝或称小宗祠、小宗。人们的神主基本上都是放于其房派的祖厅中，而少有人可以把他的神主放在祠堂中，除非他为宗族祠堂的修建出过很大的力气，或他曾当过官，使宗族在当地增添了光彩，才能和开基祖一起受全体族人的祭祀。

由于祖厅神龛中摆放个人牌位的能力有限，当排满了个人牌位后，人们就会把前几代人的神主集中写在一块较大的牌位上，而去掉一些个人牌位。这种集中写着许多代人名讳的大块神主牌位便是集体牌位——总牌了。在闽南人中，神主牌位常用红色的油漆打底，然后，上面再用金粉书写死者的名讳。不过，有的地方也有不着色，仅在木制的神主上用墨书写死者名讳的。

例如南靖县奎洋镇店美村等地是庄姓的聚居地，该村的顶墟社有开基祖庄三郎祠，内只有庄三郎和其养父的神主。而在仁和社有供奉四世良惠公及其派下神主的龙伯堂；供奉七世祖简斋公及其派下牌位的垂裕堂；供奉八世祖毅轩公及其派下的华萼堂；供奉九世祖继溪公及其派下的述志堂。在店美社有供奉八世祖蓝田公及其派下的芳壁堂；供奉十世祖温雅公及其派下的克昌堂。在塘后社有纯禄堂，供奉四世良显公及其派下牌位。老厝社有供奉五世祖遐德公及其派下的小宗祠。门口坑社有供奉六世祖本隆公及其派下的萃英堂。中村社有供奉六世祖本聪公及其派下的聚英堂和供奉十二世祖义贞公及其派下的钟英堂。下新社有供奉八世祖伯新公及其派下的新庆堂。下楼社有供奉八世祖丕承公及其派下的昌谷堂。门口社有供奉九世祖石洋公及其派下的戬谷堂。坎下社有供奉九世祖侃质公及其派下的新美堂。大路社有供奉七世祖简斋公及其派下的追远堂；供奉八世祖质朴公及其派下的惠迪堂；供奉八世祖春轩公及其派下的盛德堂。而在上洋村的埔头社，有供奉九世祖望达公及其派下的聚精堂；上楼社有供奉十世祖期魁公及其派下的积庆堂；半乾社有供奉十二世祖应龙公及其派下的锦乾堂；埔上社有供奉十三世祖端朴公的锦昌堂……在这些祠堂和祖厅中，除了庄三郎祠内仅放三个神主牌位外，其余祖厅的神龛中，都密密麻麻放满了许多未着色的神主牌。一般而言，神龛分成好几层，高层的辈分高，低层辈分低，同一层上的神主则是同辈人的，秩序井然。

由于神主牌位放在祖厅中，因此，奎洋闽南人的孝祖、祖先忌辰也都到祖厅里做，而不在家里做。不过，有的人家因怕忘了近四代人的忌辰，也会把近几代祖先的忌辰写在一块小木板上，挂在自家的神厅中。有的嫌到祖厅“做忌”路远，因此也有在家中“做忌”的。不过，由于孝祖的对象是本支的历代祖先，所以，要孝祖时，还得到祖厅去。

对神主牌位的崇拜还体现在每年两次的春秋两祭上。这是由宗老们在祠堂或祖厅中从事宗族及该房头的集体祭祀，祭祀结束后还有“吃公”的活动。春秋两祭一般在农历二月十五与冬至举行。春祭有祈祷祖先保佑该房支或宗族在这一年中能平安顺利，获得好收成的意义。而秋祭则有告诉祖先，这年已经在祖先的保佑下获得好收成，顺利度过，感谢祖先在这一年中对派下人的保佑的含义。不过，有的地方也会在其他时间从事春秋两祭，如南靖县金山镇新村的龟仑寨是在正月十五春祭。

2. 墓祭

墓祭是指在祖先坟墓上的祭祀。土围楼之乡的大多数地方都在上巳节或清明节时开始。一般都是从开基祖的祖坟祭祀起，一直到自己上三代的祖坟。由于宗族是分支的，所以，在祭祀开基祖时人最多，而到离自己较近的祖坟时人最少。多数地方是由宗族派代表如各房的房长等去祭祀开基祖和历代祖先的祖墓，各家只祭自家上三代的祖坟。但有的地方，如永定区湖坑镇湖坑村李姓从正月十五就开始举族从事的历代祖坟祭祀，由于参与的人多，所以相当隆重与热闹。另外，湖坑村还在八月十五祭祀自家三代以内的祖坟，这也与其他地方有些不同。

（五）大型的祭祀仪式

在土围楼之乡，有的地方每隔几年就会举行一次较大型的祭祀仪式。如土围楼之乡永定区湖坑乡的各村落，每年都有“做福”的仪式，其中尤以湖坑村的“做大福”仪式规模最大和热闹。湖坑村每年都在九月份从事“做福”的祭祀，而每隔三年就要举行一次当地俗称“做大福”的祭祀仪式。

相传在明代末期，当地发生一场瘟疫，死了很多人。当时缺医少药，就请道士“打醮”，做道场驱邪除魔，但没有结果。正当人们无计可施时，有一天五个小孩在河边洗澡时，突然都跳起神来，一直跑到马额宫前，指手画脚地同声喊：请保生大帝来，瘟疫可除，如不请保生大帝，全村人性命难保！当时有许多人跪下求问保生大帝何时出宫。这些小童乱说：保生大帝有令，定在农历九月十一斋戒五天，九月十五出宫。于是人们从九月十一开始斋戒敬神，到十五才开斋，终于度过了瘟疫。所以，后来湖坑人就在九月“做福”，而且每三年做一次“大福”。

先在大福场上用木料建临时的“神厂”与戏台，“神厂”

与戏台相对，相隔约200米，为摆放供桌的场所。九月十一日迎神入神厂。去迎神的人穿着新衣裳，到李姓各村的神庙，把刘汉公王、妈祖、广济祖师、合溪口公王、西坑口民主公王、石灰坑公王、长滩公王、五黄村口公王、石窟公王、土地伯公等神像先迎至马额宫，再从那里集中迎到大福场，安座在神厂中。迎神的队伍浩浩荡荡，有神轿1顶，"妆故事"（打扮成戏装人物）八九班，锣鼓十多班，五丈多高的大龙旗20多支，中小型旗帜100多支，还有舞狮队、八音队和"三把连"土铳上百把，以及仪仗16面等，队伍有时长达二三里。

神迎来后，每天都有人上供。由于湖坑李姓人多，所以前四天分房支上供，供品是素的，有糍粑、斋团、圆子、米粄、豆腐、豆干、各色糕饼、各色糖果、水果、蔬菜、茶、酒等，供桌上小盘叠大盘堆得满满的。大福场的戏台上，每天都演戏来酬神，来献供祭祀和看戏的人山人海。由于这几天是斋戒期，所以家家户户也都吃素，而且在九月十一日前三天就开始斋戒。

九月十五日斋戒期结束。当天一早，铳炮声响后，各房支的人又一次组成队伍，举着旗子，敲锣打鼓去马额宫迎接保生大帝到大福场。保生大帝进神厂安座后，就开始开斋仪式。大福首的总理当场宰杀其为做大福准备的大肥猪，并以此全猪上供。各家各户这天也杀鸡宰鸭，带着三牲或五牲及水果、糕饼等来大福场祭拜。到 9 点左右，大福场上已是人山人海，二三百张供桌上都堆满了供品。请来的道士则主持敬神仪式，导引着福首、协理们向保生大帝上香、献供、叩首。最后由礼生读祭文，道士读表章。待表章读完，就开始烧纸放鞭炮和放土铳，直放得浓烟滚上云霄，鞭炮、土铳声震得溪谷中隆隆直响。

上供敬神结束，大福场上就开始办宴席。大福首、协理、大福场帮工、戏班、锣鼓班、道士班的成员等 200 多人，在大福场上吃散福酒。十五晚上通宵演戏，戏有“大戏”（人演的戏）和木偶戏。天亮后送神，表示大福结束。送神也是铳炮连天，旗鼓宣扬，但人数少些。而且送神时，神轿要倒着抬，让坐在神轿中的神灵如保生大帝、刘汉公王、广济祖师、合溪口公王、西坑口公王等面向大福场离去。这天还要自报并抽签选出下一届福首和协理。晚上，这届福首们要请下届福首们晚宴，庆祝这次“做大福”的成功，也预祝下届“做大福”完满成功，并举行移交手续。晚上大福场上还要演一场“鬼戏”，让祖先和孤魂野鬼们看。

在永定区大溪乡则每三年在农历十一月里举行一次七日七夜的“罗天大醮”，届时要在“土篱岗”设神坛，延请有道和尚坐镇神坛，诵经祈福。打醮期间也要吃斋，供奉素食供品，“招待”神灵及孤魂野鬼。待打醮结束，才开斋杀猪宰鸡，大宴亲友。由于大溪的建醮有“度孤”的仪式，所以，当地人认为如果坐坛的和尚道行不高、法术不够的话，将无法镇压四面八方前来坛前惹事的孤魂野鬼，会被弄得灰头土脸。大溪的建醮过程与湖坑的“做大福”差不多，比较有特色的是建蘸的第七天要举行“放水灯”的活动。

在打醮的最后一天要在当地的梅子潭举行“放水灯”仪式。人们集中在梅子潭的上游，拿着水灯准备，百十人的铳队则在永泰桥上一字排开，时辰一到，一声令下，百十支“三把连”土铳一齐鸣放，顿时，锣鼓喇叭喧天，人们把手中的水灯放到溪流中，让它们流到梅子潭中。当水灯流进潭中时，就有人跳进潭中，游几十米去抢那些白水灯。因为民间认为，白灯代表男性，红灯代表女性。如抢到白灯，就象征着能生男丁，所以那些希望生男丁的人，就会下水去抢。由于大溪的建醮是在农历十一月，这时早已天寒地冻，因此没有强壮的体魄，是不敢跳进冰凉的潭里，游几十米去抢灯的。

于是，有些希望生男孩，但又不敢下水者，就向抢到白灯的人高价收买，然后带回家放在神厅供奉，以希望能生男丁。

在土围楼之乡的闽南人地区，大型的祭祀仪式也不少。如建有完璧楼、梳妆楼的漳浦县赤岭、湖西镇地区的蓝姓、王姓，每年正月都要在赤岭的三官大帝庙举行包含有“做醮”、抢孤、送王船的春祈醮仪式。而每逢农历的寅、巳、申、亥年的正月都要举行包括割香、天宫神诞、春祈醮 、辇艺走境的大型建醮仪式。在漳浦县的官浔镇，何姓每三年都要举行一次“举古灯”的仪式。而有着锦江楼、晏海楼、万安楼、清晏楼、庆云楼的漳浦县旧镇、深土镇、霞美镇等地的乌石林姓，每年的八月十二日，会在其祠堂“海云家庙”前的广场举行“恭祝天上圣母圣寿”的仪式。该仪式不仅参加的人多，而且上供的祭品很有特色。

届时他们把妈祖神像供奉在家庙的正厅中，两旁摆上 12 张供桌。左边俗称香案桌，上供有香炉、烛台、香烛、寿金、纸帛，白酒两瓶，酒杯、茶杯各 10 个，糕饼、水果各 10 盘，猪头五牲，3 碗四物汤，生猪、生羊的少牢，大堆的鞭炮及其火药铳三门。右边为俗称的官桌，前面放着用米面制成的“庆祝天上圣母寿诞”的大字。其前放置高盒一尊，后列四糕点、四花、四品、四果子、米面制的十二生肖。然后是“八海八山”。“八海”是用米面制成的八种海生动物供品，它们：墨鱼串铁链，章鱼放黑烟，螃蟹将两支金绞剪，龙虾丈二三叉戟，龙门鲨、蜈蚣鲨、猫鲨、狗头鲨套虎连环战，蛤仔旗牌将横袭左右边，鲂鱼元帅单条毒药鞭，龟将军交战真冒险；“八山”是八种米面制成的小动物，如：蜻蜓、土鲺、甲鱼、鲫鱼、蜈蚣、蝴蝶、青蛙、蝉；此象征着水族山兽朝圣。然后是食雕的济公、八仙塑像，此意为八仙朝圣。其后列上周文王、石崇、彭祖的塑像，以及米面制成的“福如东海大，寿比南山高”10个大字，象征福星高照、健康长寿、高官厚禄，财运亨通。此外还有后席，上供着“十大十小”。“十大”为猪肚塑的兔子、猪肺塑的白鹤、阉鸡、蹄筋、海参、燕窝、猪蹄、鱼、肉丸、虾丸。“十小”是小食品或干鲜果子10盘。其后摆着猪头五牲和食雕的弥勒佛塑像，以及米面做的“双凤催牡丹”、“二龙抢珠”等大字。其他的供桌上则摆满各户带来祭拜的供品。

举族的祭祀在下午一时开始，三声火药铳响后，主祭一人，陪祭五人（五个行政村各一人）率各社头家三十多人，在锣鼓声中，随着司仪礼生的吟唱，一项一项地上香，大家在金炉中焚烧寿金、纸帛，并大放鞭炮。整个祭祀活动持续两个小时。广场上人头攒动，来上香上供的人络绎不绝。大鼓凉伞队、舞狮队，舞龙队、高跷队、八音队等艺阵在广场上助兴、闹腾，戏台上则紧锣密鼓地演着芗剧或潮州戏酬神。附近乌石林姓的五个行政村的 30 多个自然村，也都在晒谷坪上或自家门口摆上香案供列祭品，焚香祭祀。各村也请来戏班演戏或放电影，连续庆贺三天，并招待来访的亲朋好友，到处是喧闹，到处是鞭炮声，十分热闹。

参考书目

著作：

陈建才（主编）：《八闽掌故大全》，福建教育出版社 1994 年版。

(日)《住宅建筑》1987 年第三期。

宁化县禾口乡石壁下市《张氏重修族谱》。（台）《汉声》22 期（福建圆楼专集）1989 年 8 月。

《永定土楼》编写组：《永定土楼》，福建人民出版社 1990 年版。

民国三十四年徐云龙修《永定县志》。

永定区湖坑镇湖坑村《陇西李氏族谱》（李万通藏，1914 年抄本）。

永定县志编委会《永定土楼志》(未刊稿)。

李玉祥编：《老房子·福建民居》（上、下），江苏美术出版社 1994 年版。

同济大学建筑城市规划学院《福建南靖圆寨实测图集》，1987 年油印本。

刘敦桢《中国住宅概说》，中国建筑工业出版社 1957 年版。

陈泽泓、陈若自编绘《中国民居府第》，广东人民出版社 1996 年版。

陈国强、林瑶棋主编《漳浦乌石天后宫》，漳浦乌石天后宫旅游区管理会 1996 年版。

陈国强主编《闽台婚俗》，厦门大学出版社 1991 年版。

陈国强主编《闽台岁时节日风俗》，厦门大学出版社 1992 年版。

张步骞等《福建永定客家住宅》(未刊稿)。

林嘉书《土楼与中国文化》，上海人民出版社 1995 年版。

厦门市思明区文艺联谊会《闽台民俗风情》，鹭江出版社 1989 年版。

卢建炎主编《闽西风物志》，福建人民出版社 1988 年版。

福建省华安县博物馆编《民居瑰宝二宜楼》，1993 年版。

黄汉民《客家土楼民居》，福建教育出版社 1995 年版。

明万历元年罗青霄总纂《漳州府志》。

文章：

王培宁、王焕汀、王锦文《五凤楼的代表——土楼明珠裕隆楼》,《永定文史资料》第十二辑。

石奕龙《独特的民居——生土楼》,《中国民俗趣谈》，三秦出版社 1993 年版。

卢衍棋《家乡的大楼》,《新嘉坡南洋客属总会成立六十周年纪念特刊》。

从术《永定客家土楼研究情况简介》,《永定文史资料》第十辑。

江千里《永定金丰的楼寨》,《新嘉坡南洋客属总会成立六十周年纪念特刊》。

江城、江龙济《江集成和“圆寨之王”承启楼的兴建》,《永定文史资料》第十三辑。

江斌《永定土楼调查》,《客家纵横》1995 年第二、三期。

肖广耀、龙炳怡《客家民居初探》,《新嘉坡南洋客属总会成立六十周年纪念特刊》。

陈炎荣《上洋遗经楼》,《永定文史资料》第十辑，1991 年。

陈炎荣《从遗经楼的内部管理看永定土楼文化的一斑》,

《永定文史资料》第十辑。

张自中《世界上最大、最美、最古老的民居建筑——客家土楼》,《新嘉坡南洋客属总会成立六十周年纪念特刊》。

国联《神秘的五实楼》,《永定文史资料》第十辑。

国联《振成楼的兴建及其建筑师傅》,《永定文史资料》第十三辑。

宗贺等《最古老的土楼与“无石基现象”》,《永定文史资料》第十辑,1991 年。

涂祥生《永定客家生土楼的建造》,《永定文史资料》第十辑。

涂祥生《永定土楼对联选录(附试释)》,《永定文史资料》第十二辑。

涂祥生《在激烈的生存斗争中创造出来的圆楼》,《永定文史资料》第十三辑。

涂僧《永定客家土楼的兴建高潮与传播》,《永定文史资料》第十辑。

林如求《福建的独特民居——生土楼》,《民俗》画刊1989 年第十期。

林添华、廖德润《土楼——客家人的独特民居》,《客家研究》第一辑，同济大学出版社 1989 年版。

郑文彬《福建圆楼》，《化石》1991 年第一期。

黄汉民《走进圆楼世界》，(台)《联合报》1989 年 8 月 30 日。

黄汉民《福建圆楼考》，《建筑学报》1988 年第九期。

黄梅《我“侃”圆楼之根在永定》，《永定文史资料》第十三辑。

黄锦彩《补述一些家乡大楼的实地见闻》，《新嘉坡南洋客属总会成立六十周年纪念特刊》。

黄慕农、黄宝《有五大特色的永豪楼》，《永定文史资料》第十三辑。

曾五岳《中国圆楼研究》，《建筑师》第四十六期，1992 年。

曾昭璇《客家屋式之研究》，《地学季刊》第五卷第四期，武昌亚新地学社 1947 年。

谢耀邦、卢祯仁《从分布和传播看圆楼之根在永定》，《永定文史资料》第十三辑。

赖锡云、章概《秋云楼和秋云楼人》，《永定文史资料》第十三辑。

廖德润《永定土楼到秘鲁“落户”》，《永定文史资料》第十三辑。

后　记

承担写作这本有关土围楼文化的小书，是因为过去的土围楼文化研究中存在着一些问题，其中最突出的是偏离实际，并且由于这种带有偏见的研究与宣传，已经造成了不良的影响。如在前些日子一个介绍民俗的电视节目中，建筑界的人士把土围楼称之为“客家土楼”，就是一个明显的例子。由于传媒的观众很多，不知有多少人在其观念中形成错误的“知识”。因此，正确介绍土围楼文化实在是很有必要。笔者曾在土围楼之乡做过文化人类学的社区调查，对土围楼文化的实际多少有所了解，对土围楼文化研究中的不切实际的做法也了解一些，只是由于有其他研究缠身，无暇顾及。因此，这也正是一个比较全面、正确地介绍土围楼文化面貌的机会。

由于时间短促，笔者能力有限，书中难免会出现这样那样的遗憾与错误，这自然由笔者负责任，待今后寻找机会加以改正。

最后，应该感谢中学时代的同学张友福先生，他为我翻拍了不少照片，使本书增色不少。